すぐわかる 2D作図

BricsCAD 入門

CADRISE
㈱アドライズ【編】

2D CAD
Practical guide to
BricsCAD

日刊工業新聞社

はじめに

　これまで、ものづくりは職人の高度な技能によって支えられてきました。しかし、少子高齢化に伴う技能者、技術者の不足により、生産活動が滞るといった支障が出始めています。この問題は年を追うごとに、より深刻さを増しています。

　これらの問題を改善する技術として注目されているのが "デジタルエンジニアリング" です。欧米では一足早く、この問題に取組んできており、職人の技能をデジタル化して組織的に共有することで生産性の向上と俗人的作業からの脱却に成功しています。日本においても自動車、精密機器、情報機器、工作機械、電機など製造業の分野では、設計・製造における 3D データ連携が定着しつつあります。また、建築分野においても大手ゼネコンを中心にデジタルエンジニアリングへの移行が加速しています。さらに、建築分野で推進されているBIM（ビルディング・インフォメーション・モデリング）の深化によって、直接的に建築と製造でデータを連携した生産が可能となり、今後は、業界を超えてのものづくりに発展していくと予想しています。

　ここで「BricsCAD（ブリックスキャド）」について触れておきたいと思います。BricsCAD には、2DCAD と3DCAD が一緒になったパッケージがラインナップされています。2DCAD と 3DCAD は画面を切替えることなく操作することができ、いずれのデータも dwg 形式に保存し、運用することが可能です。さらに、建築と製造の両分野に対応しており、BIM の機能も実装した "2D-3D-BIM を .dwg でつなげる" ワンプラットフォームの CAD ソフトです。画面インターフェースが見やすく操作性も高いことから、急速に市場を拡大してきています。今後、建築分野と製造分野の連携を実現する CAD として期待されています。

　本書は、「BricsCAD 2D 作図機能」の入門用テキストです。これから BricsCAD を始めようとする方を対象として、製図でよく使う機能をわかりやすく学習できるように構成しています。また、本書はバージョン V20に対応しています。

【本書の主な 3 つの特徴】

・豊富なビジュアルを使用しており、わかりやすい

・実際に図面を描いていく構成となっており、必要な CAD 操作が身につく

・手順に沿って進めるチュートリアル方式なので、学習を進めやすい

　本書を手にとって開いた時に、"この本ならやれそう" と思っていただけるようにビジュアルを多用し、わかりやすさにこだわりました。また、実務で使える CAD 操作を身につけられるよう、例えば直線や円などの作図機能、フィレットやトリムなどの編集機能を実際の製図の流れの中で、自然に習得できるような構成を目指しました。さらに、独学でも学習できるように手順に沿って学習できるチュートリアル方式を採用しました。

　本書が BricsCAD を活用される多くの皆様のためにお役に立てれば幸いです。最後に、本書の執筆にあたり、ご協力をいただきました方々に感謝を述べるとともに、出版にあたりご尽力いただきました図研アルファテック株式会社、並びに日刊工業新聞社出版局の方々に厚くお礼を申し上げます。

2020 年 6 月

株式会社アドライズ　代表取締役　牛山直樹

目次

Chapter 4　寸法

Chapter 5　ブロック

Chapter 6　作図設定

Chapter 7　サイズ公差・幾何公差・注記

Chapter 8　図面の印刷・テンプレート作成

Chapter 9　組立図

Chapter 10　応用機能紹介：3D モデリング

Visual Index

ダイセットはプレス加工で使用する金型をセットするものです。本書ではダイセットの部品の1つであるガイドブッシュの部品図を作成します。また、ガイドブッシュの図面をダイセットに組付けて組立図を完成させます。

ガイドブッシュ

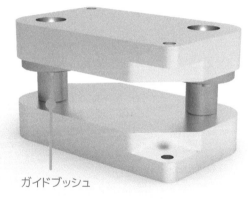

ガイドブッシュ

ダイセット組立

Chapter1 準備

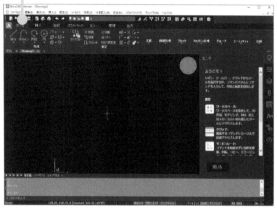

BricsCAD の起動、操作前の設定と画面構成の確認を行います。

Chapter2 作図の基本

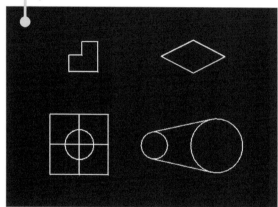

BricsCAD のマウス操作、コマンドの実行方法、画面表示の操作、図形スナップを使用した作図演習をします。

Chapter3 図形の作成と修正

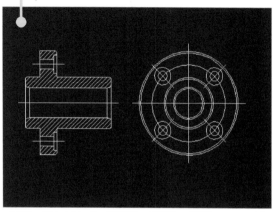

作成コマンドおよび図形の修正、編集コマンドを使い、ガイドブッシュの図形を描きます。

Chapter4 寸法

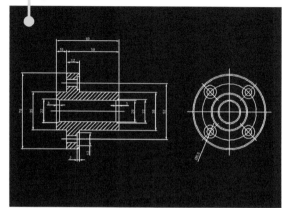

Chapter3 で描いた図形に寸法を入れます。ここでは初期の設定のままの寸法スタイルを使用しており、スタイルの設定方法は Chapter6 で解説します。

Chapter5 ブロック

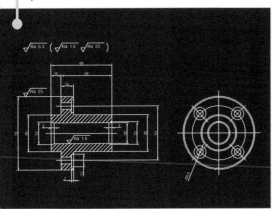

機械図面でよく使用する表面性状の記号のブロックを作成します。作成したブロックをガイドブッシュの図面に挿入、配置します。

Chapter6 作図設定

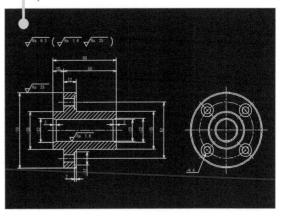

画層・寸法スタイル・文字スタイルなど作図に必要な設定をし、ガイドブッシュの図面に設定を適用します。

Chapter7 サイズ公差・幾何公差・注記

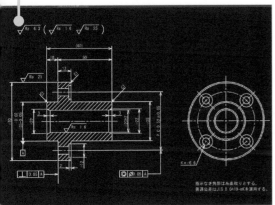

ガイドブッシュの図面にサイズ公差・幾何公差などの情報を記入して図面を仕上げます。

Chapter8 図面の印刷・テンプレート作成

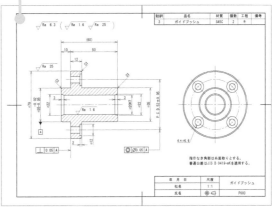

A4 の図枠を作成して、ガイドブッシュの図面に図枠を配置し印刷します。各設定がされているファイルをテンプレートとして保存します。

Chapter9 組立図

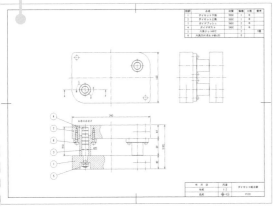

ダウンロードデータを用いてガイドブッシュをダイセットに組付けて組立図を作成します。

Chapter10 応用機能紹介：3Dモデリング

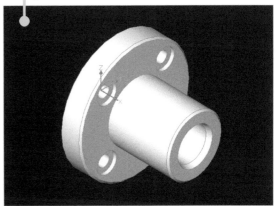

ガイドブッシュの2D 図面から3D モデルを作成します。
※ BricsCAD のグレードは Pro 以上が必要です。

本書の使い方

最初から通して操作を行うと一連の図面作成の知識、操作が身につきます。

● **作図ナビ**
　項目で行う操作を視覚的に把握できるページです。
● **操作手順**
　本文の手順番号に沿って操作を行ってください。
　図の中の番号は手順で操作を行う場所や操作内容を示しています。
● **トレーニングデータ**
　使用するファイルが記載してあります。

※本書はBricsCAD V20で作成しています。Chapter10はPro以上のグレードが必要です。

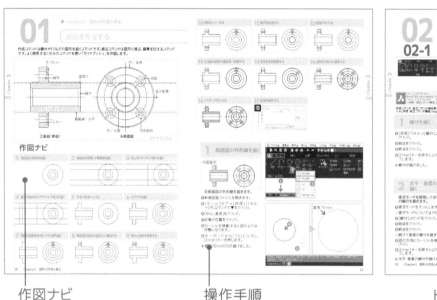

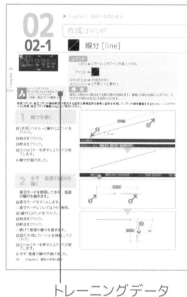

作図ナビ　　　　　　　　　　操作手順　　　　　　　　トレーニングデータ

トレーニングデータの準備

　本書で使用するトレーニングデータは、下記URLよりアクセスいただき、専用ページにユーザー名、パスワードを入力することでご利用いただけます。あらかじめデスクトップに用意をしてください。

https://bj-soft.jp/cp/2dnyumon.html
ユーザー名：user　パスワード：2dnyumonbc

❶ ダウンロードしたファイルを右クリックして[すべて展開]を選択します。
❷ [参照]をクリックします。
❸ 展開先のフォルダにデスクトップを選択して[フォルダーの選択]をクリックします。
❹ [展開]をクリックして展開します。

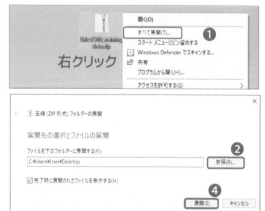

📁 BricsCAD_trainingdataフォルダ構成

📁 **トレーニング**
　本書で使用するトレーニングファイルが入っています。
📁 **解答ダイセット**
　ダイセットの.dwg、.PDFファイルが入っています。
📁 **完成ファイル**
　各Chapterの完成状態のファイルが入っています。

準備

BricsCAD

01

Chapter 1

BricsCAD とは

今までは2DCADと3DCADを別々のソフトで運用しているのが主流でした。このBricsCADは、2D・3D・BIM(Building Information Modeling)までを1つのCADソフトで運用できるという特徴を持っています。2D図面からの3Dモデル化、3Dデータの2D図面展開が簡単にでき、さらにBIM機能を持つグレードも用意されています。

1 2D

作図・寸法など図面作成機能が充実しており、幅広い分野の図面が作成できます。また、コマンドは自分好みにカスタマイズができます。

ファイルの互換性に優れており書き出しの種類が豊富です。

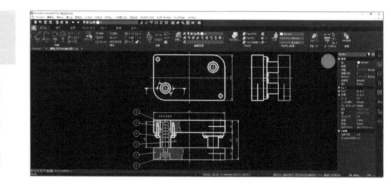

2 3D

モデル構築の履歴が残らないノンヒストリータイプの3DCADです。

BricsCADでは2Dで描いた図をそのまま3Dに落とし込むことが容易にできます。

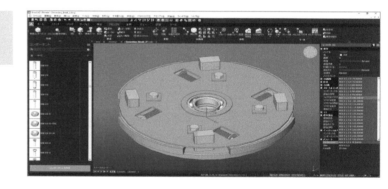

3 BIM

3Dデータを核として設計や管理、コストなどの属性情報を紐づけして建築ライフサイクル全体での活用を可能とします。

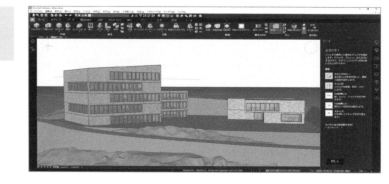

グレード
■Classic
2DCADに特化しています。3Dの機能は、閲覧のみ可能です。
■Pro
2D・3DCADどちらにも対応しています。1つの.dwgファイルで、2D図面・3Dモデルの編集ができます。
■Platinum
Proの環境に[2D・3D拘束][アセンブリモデリング][フリーフォーム3Dモデリング]の機能が追加され、3D
でアセンブリをするのに必要な機能が揃っています。他にも機械設計に特化した機能・BIMデータを作
成する機能、などのラインナップがあります。

	Classic	Pro	Platinum	BIM	Mechanical	Ultimate
2D図面	●	●	●	●	●	●
3Dのデータを取り込み※、2D/3D編集	2D	2D/3D	2D/3D	2D/3D	2D/3D	2D/3D
3Dでモデリング		●	●	●	●	●
3Dでアセンブリ		●	●	●	●	●
BIMデータを作成・取り込み				●		●
3Dで機械設計					●	●

※ Pro 以上のグレードと Communicator が必要です。

BricsCAD 体験版のダウンロードのご案内

Bricsys ホームページより最新版の BricsCAD(体験版 30 日間) をダウンロードができます。
※インストールはインターネットが接続できる環境で行ってください。

https://bj-soft.jp/support/flow/

手 順

① Bricsysアカウントを新規に作成します。

② [download]をクリックします。

③ コンピューターの管理者権限を持つユーザーでログオンしをしてインストールします。

④ BricsCADを起動し[BricsCADランチャ]から[体験版を使用]ボタンをクリックします。

⑤ 体験版を30日間利用できます。

02 起動と設定

BricsCADの起動、操作前の設定と画面構成の確認を行います。
本書はBricsCADインストール直後の初期設定状態を前提に解説しています。

1 BricsCAD の起動

❶ デスクトップ左下にあるWindows
の[スタート]ボタンをクリック。

❷ [Bricsys]をクリック。

❸ [BricsCAD V20]をクリック。

▶ BricsCADが起動します。

❹ [BricsCADランチャ]ダイアログが
開きます。

❺ [作図]をクリック。

❻BricsCADが起動して[ホーム]画面が表示されます。

2 新規ファイルを開く

本書では機械図面を作成するため単位にミリメートルのテンプレートを使用します。

❶テンプレートの▼をクリック。

❷[Default-mm]をクリック。

❸[新しい図面]をクリック。

▶新規図面ファイルが開きます。

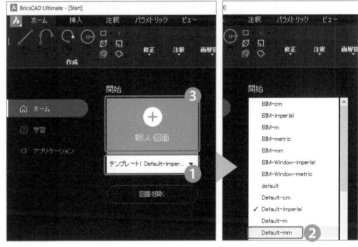

■初期画面構成

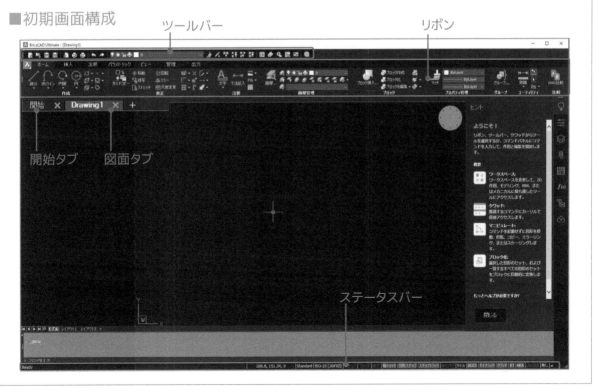

ツールバー

リボン

開始タブ　図面タブ

ステータスバー

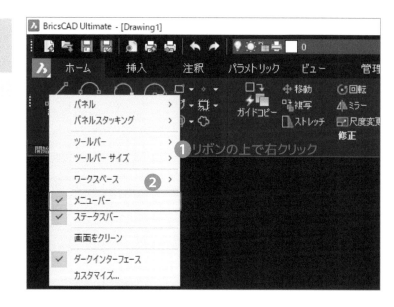

メニューバーの表示

[メニューバー]を表示します。

❶リボンの上で右クリック。

❷[メニューバー]をクリック。

※右クリックメニューの項目をクリックしてチェックを入れることで対応するツールを表示できます。

❸[メニューバー]が表示できました。

ステータスバーの設定

クワッド機能は関連するコマンドに直接カーソルでアクセスできる機能ですが、本書では基本をしっかりと習得するため解除して進めます。

❶[ステータスバー]の[クワッド]をクリック。

▶[ステータスバー]の文字が白からグレーに変わりました。白(濃い色)がオン、グレー(淡い色)がオフです。

❷クワッド機能がオフになりました。

設定後の画面構成はP16-17で確認できます。

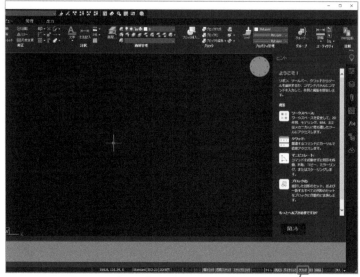

※[ステータスバー]をクリックするとオン/オフの切替えができます

5 図面を閉じる

❶[Drawing1]の[×]をクリック。

▶図面ファイルが閉じます。

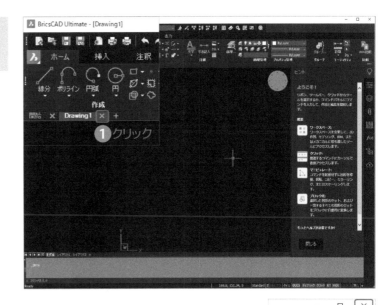

▶図面ファイルの [Drawing1] を閉じると [ホーム] 画面が表示されます。

※[新しい図面]をクリックすると新規図面が開きます。

※図面ファイルの末尾の数字は新規で図面ファイルを開くたびに採番されます。

※[+]をクリックしても新規図面が開きます。

6 BricsCAD の終了

❶BricsCADを終了するには[×]閉じるをクリック。

▶BricsCADが終了します。

■ステータスバー

❶ステータスフィールド
❷カーソル座標値
❸カレントの文字スタイル
❹カレントの寸法スタイル
❺カレントのワークスペース
❻スナップ　オン / オフ
❼グリッド　オン / オフ

❽直交モード　オン / オフ
❾極トラック　オン / オフ
❿図形スナップ　オン / オフ
⓫スナップトラック　オン / オフ
⓬線の太さ　オン / オフ
⓭ビューポートモード切替
⓮ダイナミックUCS　オン / オフ

⓯ダイナミック入力　オン / オフ
⓰クワッド　オン / オフ
⓱ロールオーバーヒント　オン / オフ
⓲ホットキーアシスタント　オン / オフ
⓳ユーザーインターフェースをロック　オン / オフ

■設定後の画面構成

アプリケーションボタン
図面の新規作成や印刷に関するメニューが
表示されます。

タイトルバー
ファイル名が表示されます。

メニューバー
編集や設定などコマンドが選択できます。

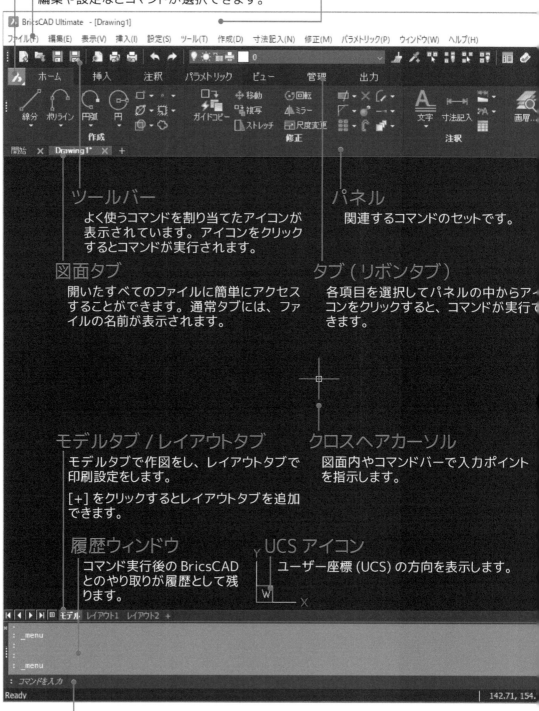

ツールバー
よく使うコマンドを割り当てたアイコンが
表示されています。アイコンをクリック
するとコマンドが実行されます。

パネル
関連するコマンドのセットです。

図面タブ
開いたすべてのファイルに簡単にアクセス
することができます。通常タブには、ファ
イルの名前が表示されます。

タブ (リボンタブ)
各項目を選択してパネルの中からアイ
コンをクリックすると、コマンドが実行で
きます。

モデルタブ / レイアウトタブ
モデルタブで作図をし、レイアウトタブで
印刷設定をします。

[+] をクリックするとレイアウトタブを追加
できます。

クロスヘアカーソル
図面内やコマンドバーで入力ポイント
を指示します。

履歴ウィンドウ
コマンド実行後の BricsCAD
とのやり取りが履歴として残
ります。

UCS アイコン
ユーザー座標 (UCS) の方向を表示します。

コマンドバー
BricsCAD からの最新メッセージが表示されます。メッセージにした
がって作図操作をし、必要な場合は作図方法の指示を入力します。

リボン
主にオブジェクトを作成、修正するために必要なツールパレットです。

LookFrom
図面の表示方向を変更することができます。主に 3D での作図に使用します。

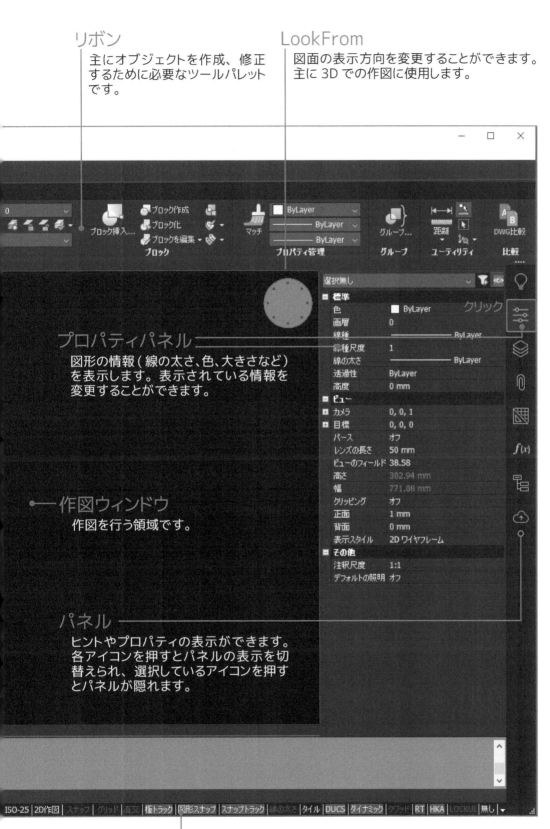

プロパティパネル
図形の情報 (線の太さ、色、大きさなど) を表示します。表示されている情報を変更することができます。

作図ウィンドウ
作図を行う領域です。

パネル
ヒントやプロパティの表示ができます。各アイコンを押すとパネルの表示を切替えられ、選択しているアイコンを押すとパネルが隠れます。

ステータスバー
画面表示や座標や作図補助をコントロールするボタンがありコマンドの実行中でもオン／オフを切替えることができます。

■背景色の変更方法

作図ウィンドウの色を変更する方法です。

本書では紙面上、図形がわかりやすいように、Chapter2～Chapter5までは背景色を白色にしています。操作練習をする際には初期設定の背景色(黒色)のままお進みください。

※設定を変更するには図面ファイルを開いている状態で行います。

❶[管理]タブをクリック。

❷[カスタマイズ]パネルの[設定]コマンドをクリック。

❸[設定]のダイアログが表示されます。

❹図の位置に[背景色]と入力します。

キーワードを入力して関連した設定項目を検索します。

❺図の下矢印を何度かクリックして[背景色]の項目を表示します。

❻図の箇所をクリックして[White]に変更します。

❼[×]閉じるをクリックして、設定を終了します。

❽背景色が白色に変更できました。

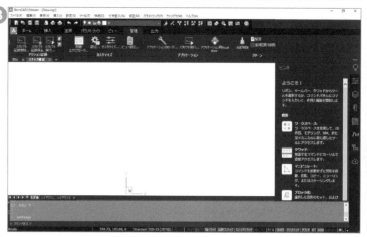

作図の基本

BricsCAD

01

作図の基本操作

ここでは BricsCAD のマウス操作、コマンドの実行方法、画面表示の操作を習得します。

1 新規図面を開く

BricsCAD を起動します。

※ BricsCAD の起動については P12 参照。

新しく図面ファイルを開きます。

❶テンプレートの種類が[Default-mm]になっているのを確認します。

❷[新しい図面]をクリック。

❸[Drawing1]が開きます。

※末尾の数字は新規で図面ファイルを開くたびに採番されます。

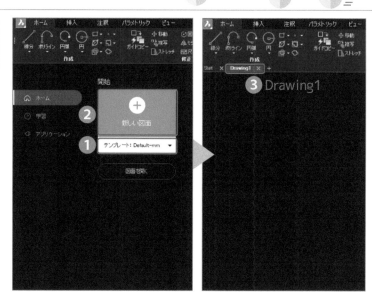

2 図形を描く

完成図

❶[ホーム]タブをクリック。

❷[作成]パネル→[線分]コマンドをクリック。

※コマンドを間違えた場合はキーボードの [Esc] キーを押すと解除できます。

❸クロスヘアカーソルの形が変わります。

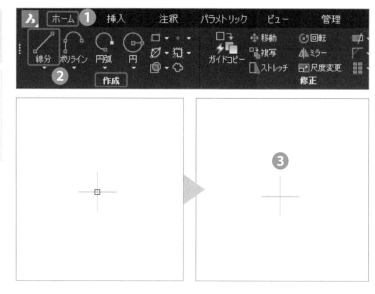

④作図ウィンドウの任意の位置でクリック。

⑤右方向にカーソルを移動すると表示される仮想線にカーソルを合わせます。

⑥キーボードから**100**と入力すると、ダイナミック入力に 100 と入力されます。

※英数字の入力は半角で行います。

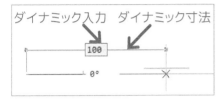

⑦キーボードの[Enter]キーを押します。

▶仮想線の方向に100mmの線分が描けました。

※続けて線分が描ける状態です。

⑧上方向にカーソルを移動して仮想線に合わせます。

⑨キーボードから**100**と入力します。

⑩[Enter]キーを押します。

▶100mmの線分が描けました。

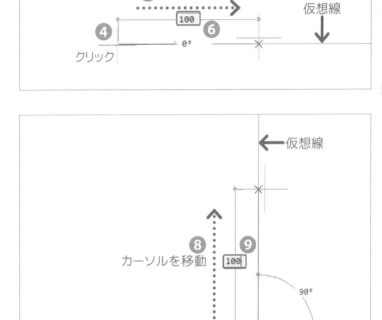

⑪同様に左方向にカーソルを移動して仮想線に合わせます。

⑫キーボードから**55**と入力します。

⑬[Enter]キーを押します。

▶55mmの線分が描けました。

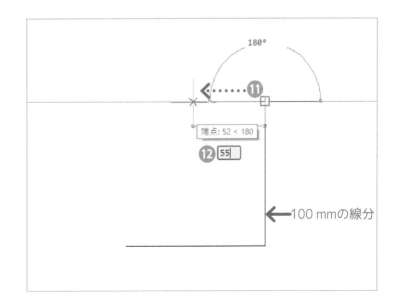

⑭同様に下方向にカーソルを移動して仮想線に合わせます。

⑮キーボードから**45**と入力して[Enter]キーを押します。

▶45mmの線分が描けました。

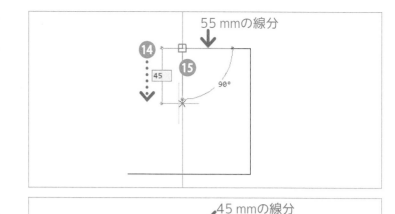

⑯同様に左方向にカーソルを移動して仮想線に合わせます。

⑰キーボードから**45**と入力して[Enter]キーを押します。

▶45mmの線分が描けました。

描き始めの端点をスナップして図形を閉じます。

⑱描き始めた線分の端点にカーソルを近づけると、図形スナップマーカーと[端点]という文字が表示されます。

⑲マーカーが表示された状態でクリック。

※続けて線分が描ける状態です。

⑳[Enter]キー押してコマンドを解除します。

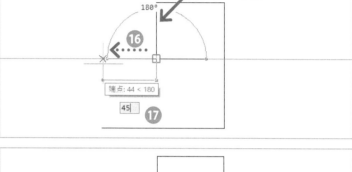

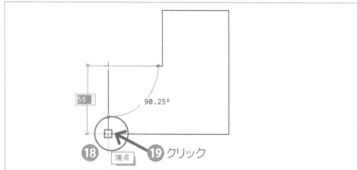

▶図形が完成しました。

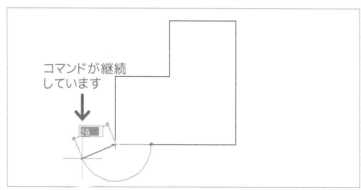

3 画面表示の操作

画面表示の操作をします。

拡大・縮小

❶ マウスのホイールボタンを前方へ
回転すると表示が拡大します。

❷ マウスのホイールボタンを手前に
回転すると表示が縮小します。

拡大

ホイールボタンを
前後に回転

縮小

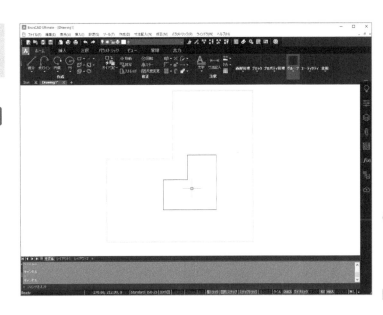

画面移動

❶ マウスのホイールボタンをドラッグ
すると、画面表示サイズはそのま
まで画面移動します。

ホイールボタンをドラッグ

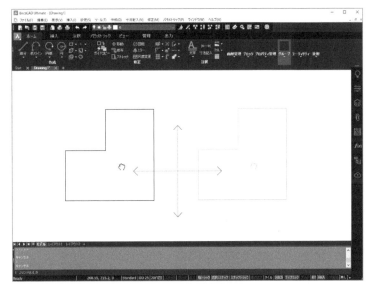

図形範囲

❶ マウスのホイールボタンをダブル
クリックすると、図形が描かれてい
る範囲が画面に収まるように表示
されます。

ホイールボタンをダブルクリック

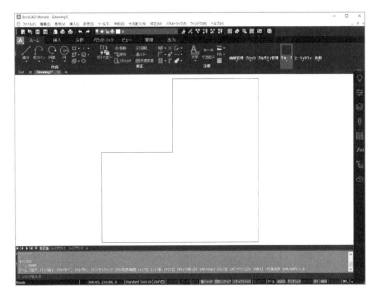

4 図形の選択・解除

1つずつ選択（直接選択）

1つの図形を選択します。

①線分をクリック。

②線分の表示が変わり選択している
状態になります。

さらに選択する図形を追加します。

③図の線分をクリック。

▶図形を追加して選択できました。

④[Esc]キーを押すと選択が解除で
きます。

図形を選択しやすいように画面表示を調整します

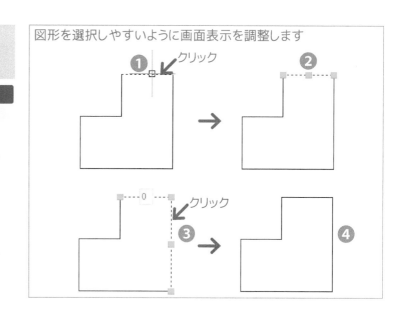

範囲選択（左→右）

選択枠で複数の図形を囲んで選
択します。

①図の位置でクリック。

②カーソルを移動すると青色の枠が
広がります。

③図の位置でクリック。

④枠内に完全に納まった図形が選択
されます。

⑤[Esc]キーを押して選択を解除し
ます。

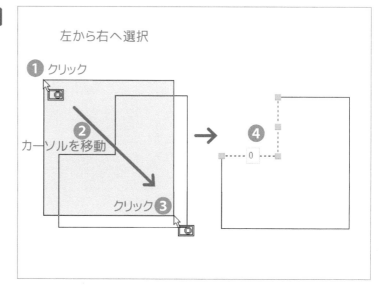

左から右へ選択

範囲選択（右→左）

選択枠に交差する複数の図形を選
択します。

①図の位置でクリック。

②カーソルを移動すると緑色の枠が
広がります。

③図の位置でクリック。

④枠内に全体または一部でも交差し
た図形が選択されます。

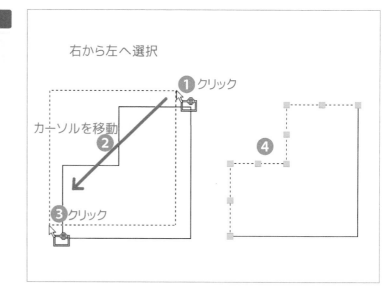

右から左へ選択

選択した図形の一部を解除する

選択した図形の一部を選択解除します。

❶ [Shift]キーを押しながら図の線分をクリック。

❷ クリックした図形だけが解除できます。

さらに選択を解除する図形を追加します。

❸ [Shift]キーを押しながら図の線分をクリック。

❹ 図形の選択を解除できました。

※ 複数の選択図形を解除するには[Shift]キー+範囲選択をします。

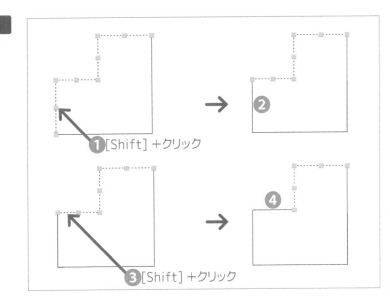

5 図形の削除

選択した図形を削除します。

[Esc]キーを押してすべての選択を解除します。

❶ 図の線分をクリック。

❷ キーボードの [Delete] キーを押すと選択した線分が削除できます。

※ 線分などの要素を選択状態にして[Delete]キーを押すと削除できます。

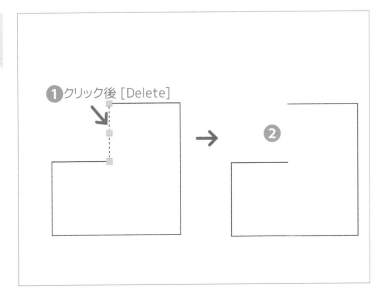

6 操作を元に戻す

1つ前の作業状態に戻します。

❶ [ツールバー]の[元に戻す]アイコンをクリック。

※ 画面表示の [拡大][縮小] も1つの操作として元に戻すことができます。

※ [ツールバー]の[やり直し]アイコンをクリックすると元に戻した作業をやり直せます。

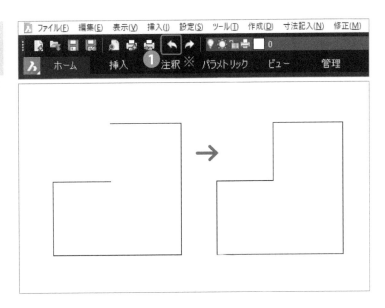

02

図形スナップを使って作図する

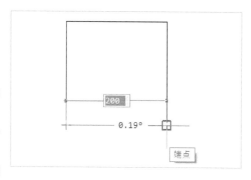

図形スナップとは図形を作成するときに図形要素を正確に拾う(スナップする)機能です。

ここでは図形スナップの設定と、図形スナップを使用した演習をします。図形スナップを使いこなすと作図がしやすくなり正確な図形が描けるようになります。

1　図形スナップの設定

[ステータスバー]の設定を確認します。

❶[ステータスバー]の[図形スナップ][極トラック]がオンになっていることを確認します。

※文字の色が白(濃い色)がオンです。

よく使う図形スナップを設定します。

❷[図形スナップ]の上で右クリック。

❸[設定]をクリック。

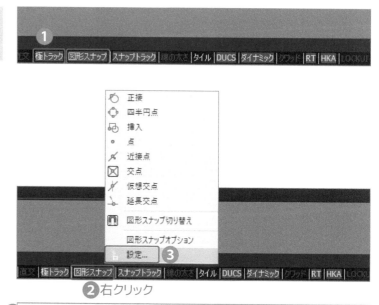

❹[設定]ダイアログが表示されます。

❺[図形スナップモード]を図のように設定します。

※スナップする要素にチェックを入れます。

❻[×]閉じるをクリック。

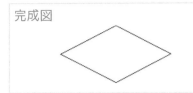

2 図形スナップ [中心]

完成図

完成図の図形を描くために補助の図形として円を2つ描きます。

※円の大きさは任意です。

❶[ホーム]タブをクリック。

❷[作成]パネル→[円]コマンドをクリック。

※履歴ウィンドウに円コマンドの履歴が追加されます。また、[コマンドバー]にはコマンドのオプションが表示されます。

❸任意の位置でクリックすると円の中心が決まります。

❹カーソルを移動します。

❺図の位置でクリック。

❻円が描けました。

1つ目に描いた円より大きい円を描きます。

❼キーボードの[Enter]キーを押すと、直前に使用したコマンドが再び使用できます。

※履歴ウィンドウで円コマンドに入った履歴が確認できます。

※円コマンドにならない場合は円コマンドアイコンをクリックします。

❽円の中心にカーソルを近づけ[中心]マーカーが表示された状態でクリック。

❾カーソルを移動します。

❿図の位置でクリック。

⓫2つ目の円が描けました。

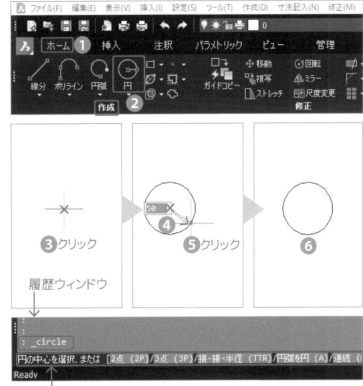

❸クリック

❺クリック

❻

履歴ウィンドウ

```
: _circle
```
円の中心を選択、または [2点 (2P)/3点 (3P)/接-接-半径 (TTR)/円弧を円 (A)/連続 (
Ready

コマンドバー

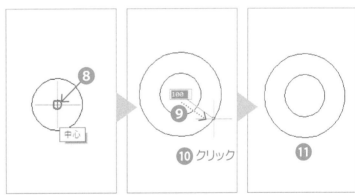

⓾ クリック

⓫

中心

```
円の中心を選択、または [2点 (2P)/3点 (3P)/接-接-半径 (TTR)/円弧を円 (A)/連続 (
半径をセット、または [直径 (D)]:
: CIRCLE
```
円の中心を選択、または [2点 (2P)/3点 (3P)/接-接-半径 (TTR)/円弧を円 (A)/連続 (
Ready

■図形スナップ

作成コマンドに入った状態で図形にカーソルを合わせると[図形スナップマーカー]が現れます。
マーカーが現れている状態でクリックすると、そのマーカーが表す図形のポイントをスナップできます。
図形スナップマーカーの近くには[図形スナップツールチップ]が表示され、スナップの種類を文字情報として確認できます。

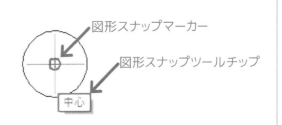

図形スナップマーカー

図形スナップツールチップ

中心

3 図形スナップ [四半円点]

円の四半円点を利用して線分を描きます。

①[線分]コマンドをクリック。

②図の位置にカーソルを近づけ[四半円点]マーカーが表示された状態でクリック。

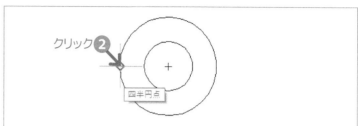

③続けて図の[四半円点]をクリック。

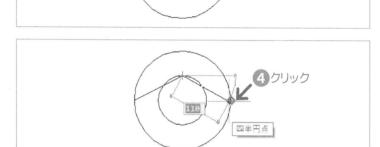

④図の[四半円点]をクリック。

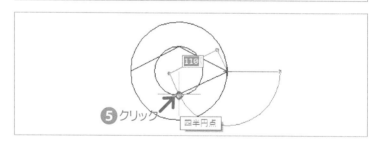

⑤図の[四半円点]をクリック。

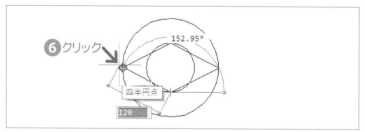

⑥[四半円点]または[端点]マーカーが表示された状態でクリック。

▶線分が描けました。

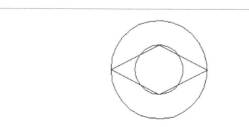

⑦[Enter]キーを押してコマンドを終了します。

※右クリックでもコマンドを解除できます。

円は線分を描くための補助として使用しました。円を選択して削除します。

⑧2つの円をクリックして選択します。

⑨キーボードの[Delete]キーを押して削除します。

▶図形が完成しました。

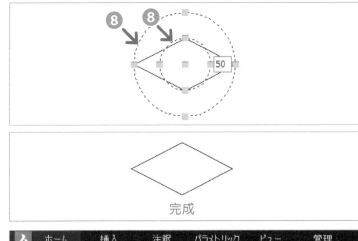

完成

4 極トラック

完成図

仮想線を利用して方向を指示し、線分の長さを指定して図形を描きます。

①[線分]コマンドをクリック。

②任意の位置でクリック。

③図の方向にカーソルを移動し仮想線に合わせます。

※ 90°と表示されます。

④ 200 と入力し [Enter] キーを押します。

▶鉛直の線分が描けました。

⑤図の方向にカーソルを移動し仮想線に合わせます。

▶ 180°と表示されます。

⑥200と入力し[Enter]キーを押します。

▶水平の線分が描けました。

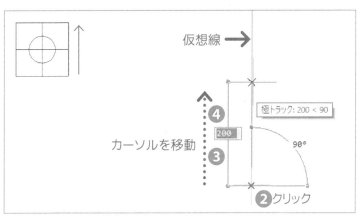

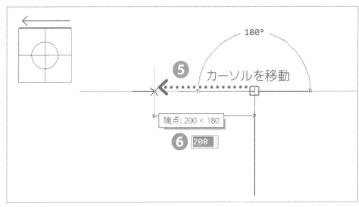

■極トラックとダイナミック入力

コマンド実行中にカーソルの位置や動かす方向によって、仮想線や寸法の表示が現れます。
極トラック線は角度スナップのための仮想線です。スナップ角度は極トラック設定で指定します。
ダイナミック入力フィールドは、作図しながら距離や角度を入力する領域です。入力フィールド切替えは[Tab]キーで行います。

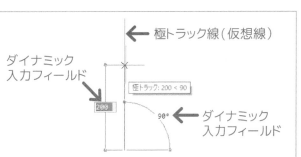

5 スナップトラック

スナップトラックを利用して同じ長さの線分を描き足します。

❶カーソルを図の線分の端点に乗せます。

※クリックはしません。

※線分コマンドが継続しています。

❷カーソルをそのまま左へ移動します。

※少し離れた位置にカーソルを移動するとポイントした端点に [+] のマークが確認できます。

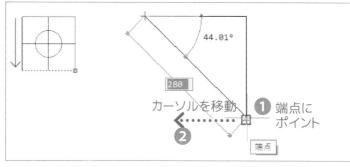

カーソルを移動　❶端点に
❷　　　　　　　　ポイント
端点

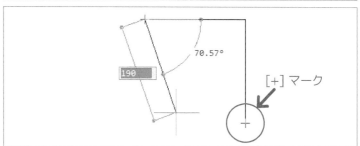

[+] マーク

❸図のように❶から❷にカーソルを移動します。

※鉛直と水平の仮想線が現れ仮想線が交差する位置に [×] のマークが現れます。

❹マークが表示された状態でクリック。

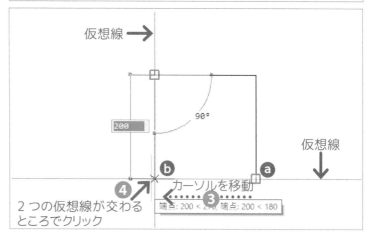

仮想線 →

90°

仮想線
↓

❹　　カーソルを移動
　　　❸
2 つの仮想線が交わる　　端点: 200 < 270, 端点: 200 < 180
ところでクリック

❺図のように❷から❶にカーソルを移動します。

❻[端点]マーカーが表示された状態でクリック。

❼[Enter]キーを押してコマンドを終了します。

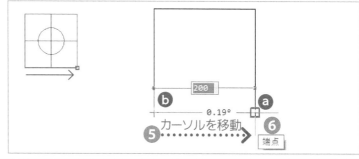

❺　カーソルを移動　❻
　　　　　　　　　端点

■スナップトラック

図形の要素にカーソルをポイントすることでその位置を参照し、スナップできます。参照したポイントには[+]マークが現れます。
参照したポイントを解除するには、ポイントした箇所に再びポイントし、しばらくしてからカーソルを移動すると[+]マークが消え参照が解除できます。

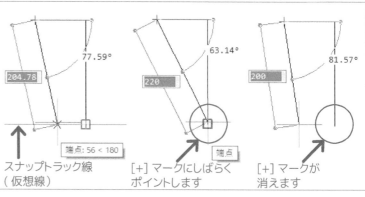

スナップトラック線　　　[+] マークにしばらく　　　[+] マークが
(仮想線)　　　　　　　ポイントします　　　　　　消えます

6 図形スナップ [中点][垂線]

図形の中心を通る線分を描きます。

❶[Enter]キーを押して再び線分コマンドを実行します。

❷図の位置にカーソルを近づけ [中点] マーカーが表示された状態でクリック。

❸図の位置にカーソルを移動し [垂線] マーカー表示された状態でクリック。

❹[Enter]キーを2回押します。

※ 1 回目の [Enter] キーで線分コマンドが解除され、2 回目の [Enter] キーで直前に使用していた線分コマンドを再び実行します。

❺同様に図の [中点] マーカーが表示された状態でクリック。

❻図の位置にカーソルを移動し [垂線] マーカー表示された状態でクリック。

❼[Enter]キーを押してコマンドを終了します。

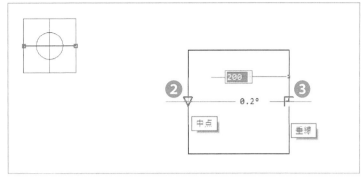

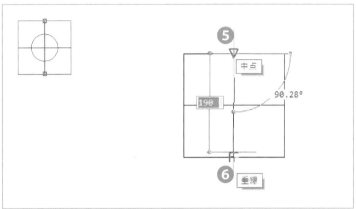

7 図形スナップ [交点]

線分の交点を中心とする円を描きます。

❶[円]コマンドをクリック。

※一時図形スナップを使用し、つぎにスナップするポイントを指定します。

❷キーボードの[Shift]キー+右クリックでショートカットメニューを表示し、スナップ要素を選択します。

❸[交点]を選択します。

※交点スナップが優先されます。

❹図の位置にカーソルを近づけ[交点]マーカーが表示された状態でクリック。

❺カーソルを移動します。

❻キーボードから50と入力し[Enter]キーを押します。

▶図形が完成しました。

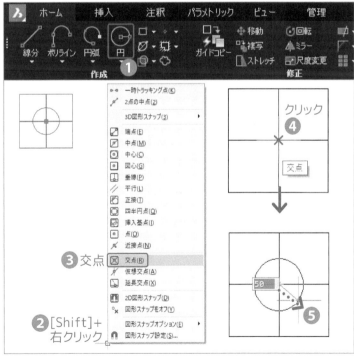

図形スナップ [正接]

完成図

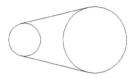

大きさが異なる2つの円とそれらに正接する線分を描きます。

※円の大きさは任意です。

① [円]コマンドをクリック。

② 任意の位置でクリック。

③ カーソルを移動し任意の位置でクリック。

④ [Enter]キーを押して再び円コマンドを実行します。

少し離れたところに大きさの異なる円を描きます。

⑤ 任意の位置でクリック。

⑥ カーソルを移動し任意の位置でクリック。

▶ 大きさの異なる2つの円が描けました。

円に正接する線分を描きます。

⑦ [線分]コマンドをクリック。

※一時図形スナップを使用します。

⑧ キーボードの [Shift] キー＋右クリックでメニューを表示します。

⑨ [正接]を選択します。

※正接スナップが優先されます。

⑩ 図の円の上でクリック。

⑪ カーソルを動かすと線分が円に正接になっている状態で描き始めているのが確認できます。

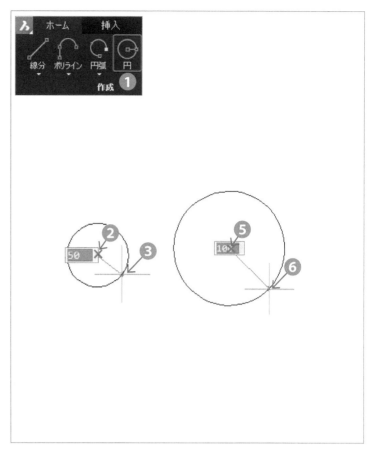

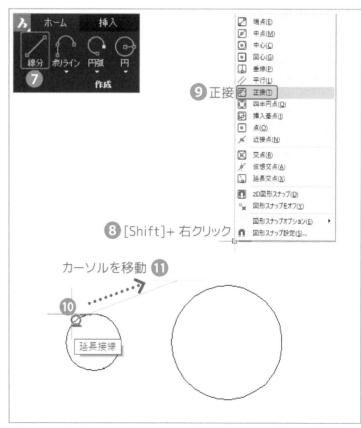

※同様に一時図形スナップを使用します。

⑫ [Shift]キー＋右クリックでメニューを表示し[正接]を選択します。

⑬ 図の円の上でクリック。

▶ 円に正接した線分が描けました。

⑭ [Enter]キーを2回押します。

※1回目の[Enter]キーで線分コマンドが解除され、2回目の[Enter]キーで直前に使用していた線分コマンドが再び実行します。

同様に線分を描きます。

※一時図形スナップを使用します。

⑮ [Shift]キー＋右クリックでメニューを表示し[正接]を選択します。

⑯ 図の円の上でクリック。

※一時図形スナップを使用します。

⑰ [Shift]キー＋右クリックで正接を選択します。

⑱ 図の円の上でクリック。

⑲ [Enter]キーを押してコマンドを終了します。

▶ 図形が完成しました。

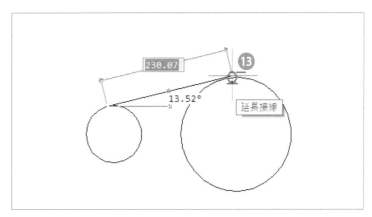

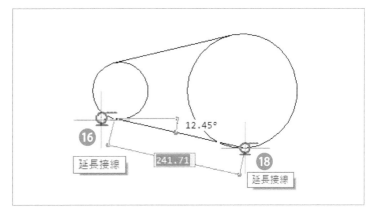

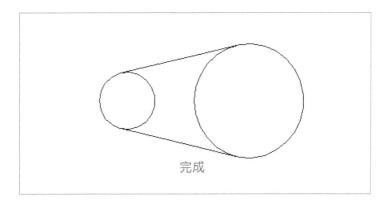

完成

■一時図形スナップ

図形スナップは、線分または弧の端点、円の中心点、2つの図形の交点等の図形の要素をスナップできます。
一時図形スナップは、指定した種類の図形スナップを優先して指定します。
指定方法は、コマンドを実行している状態で[Shift]キー＋右クリックをし、表示されるメニューから優先したいスナップの種類を選択します。

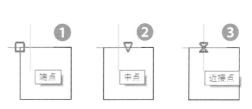

図形スナップの設定で近接点のスナップをオフにしている場合、❶❷のように線上の任意の位置をスナップしようとしても、端点、中点のスナップマーカーが表示されます。
このような場面で、線上をスナップしたい時には一時図形スナップが有効です。
一時図形スナップで近接点を選択すると❸のような線上を認識してスナップできます。

■図形スナップの種類

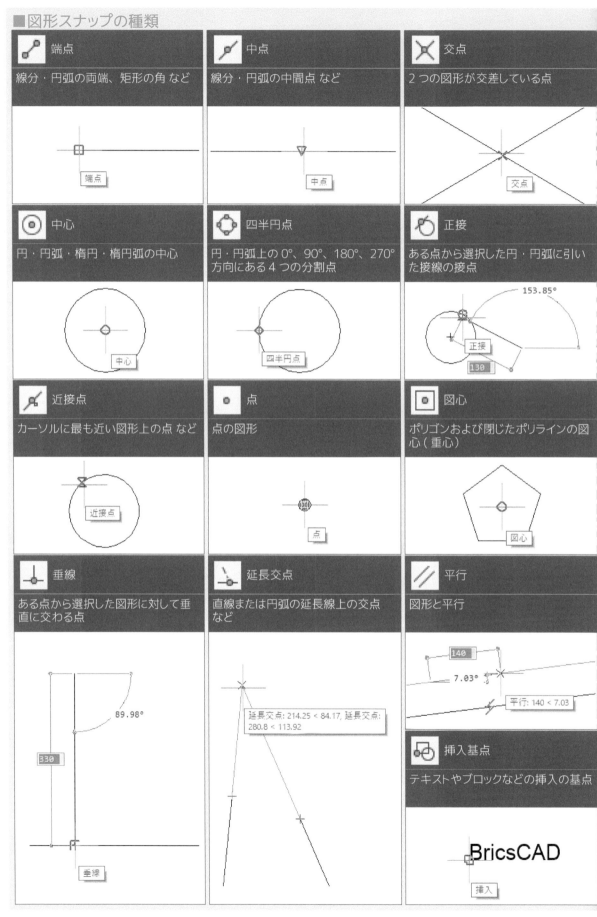 端点	中点	交点
線分・円弧の両端、矩形の角 など	線分・円弧の中間点 など	2 つの図形が交差している点
端点	中点	交点

中心	四半円点	正接
円・円弧・楕円・楕円弧の中心	円・円弧上の 0°、90°、180°、270° 方向にある 4 つの分割点	ある点から選択した円・円弧に引いた接線の接点
中心	四半円点	153.85°　正接　130

近接点	点	図心
カーソルに最も近い図形上の点 など	点の図形	ポリゴンおよび閉じたポリラインの図心（重心）
近接点	点	図心

垂線	延長交点	平行
ある点から選択した図形に対して垂直に交わる点	直線または円弧の延長線上の交点 など	図形と平行
89.98°　330　垂線	延長交点: 214.25 < 84.17, 延長交点: 280.8 < 113.92	140　7.03°　平行: 140 < 7.03

		挿入基点
		テキストやブロックなどの挿入の基点
		BricsCAD　挿入

図形の作成と修正

BricsCAD

Visual Index 部品図「ガイドブッシュ」

ガイドブッシュの部品図の作成を通じて、BricsCADの作成コマンドおよび修正コマンドを解説します。寸法、公差を記入し、図枠を入れて部品図に仕上げます。

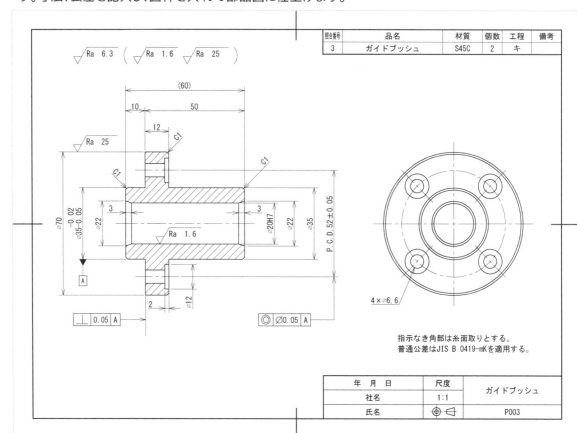

照合番号	品名	材質	個数	工程	備考
3	ガイドブッシュ	S45C	2	キ	

年 月 日		尺度	ガイドブッシュ
社名		1:1	
氏名			P003

指示なき角部は糸面取りとする。
普通公差はJIS B 0419-mKを適用する。

Chapter3 図形の作成と修正

作成コマンドおよび修正コマンドを使い、ガイドブッシュの図形を作成します。

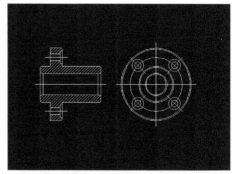

Chapter4 寸法

Chapter3で描いた図形に寸法を入れます。ここでは初期設定の寸法スタイルを使用します。スタイルの設定方法はChapter6で解説します。

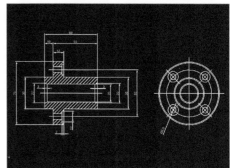

Chapter5 ブロック

機械図面でよく使用する表面性状の記号のブロックを作成します。作成したブロックをガイドブッシュの図面に挿入、配置します。

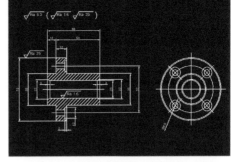

Chapter6 作図設定

画層・寸法スタイル・文字スタイルなど、作図に必要な各設定をし、ガイドブッシュの図面に設定を適用します。

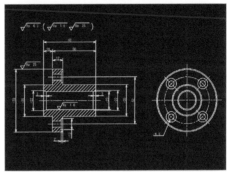

Chapter7 サイズ公差・幾何公差・注記

ガイドブッシュの図面にサイズ公差・幾何公差などの情報を記入して図面を仕上げます。

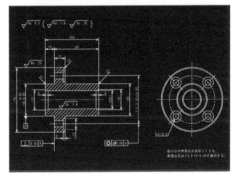

Chapter8 図面の印刷・テンプレート作成

A4の図枠を作成し、ガイドブッシュの図面に図枠を配置して印刷をします。
各設定がされているファイルをテンプレートとして保存します。

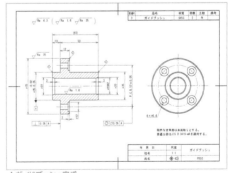

▲ガイドブッシュ完成

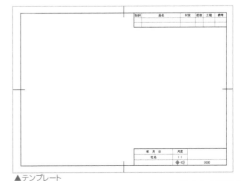

▲テンプレート

図形を作成する

作成コマンドは線分や円などの図形を描くコマンドです。修正コマンドは図形に修正、編集を加えるコマンドです。よく使用するこれらのコマンドを使い「ガイドブッシュ」を作図します。

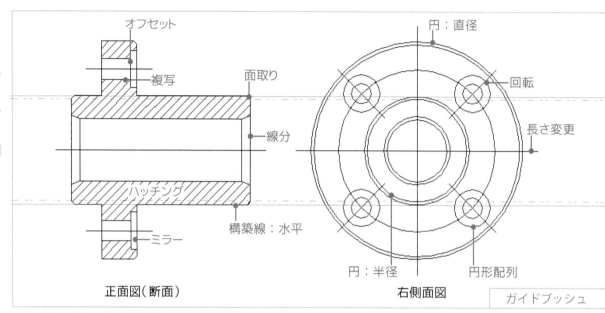

- オフセット
- 複写
- 面取り
- 線分
- ハッチング
- ミラー
- 構築線：水平
- 円：直径
- 回転
- 長さ変更
- 円：半径
- 円形配列

正面図（断面）　　　　右側面図　　　　ガイドブッシュ

作図ナビ

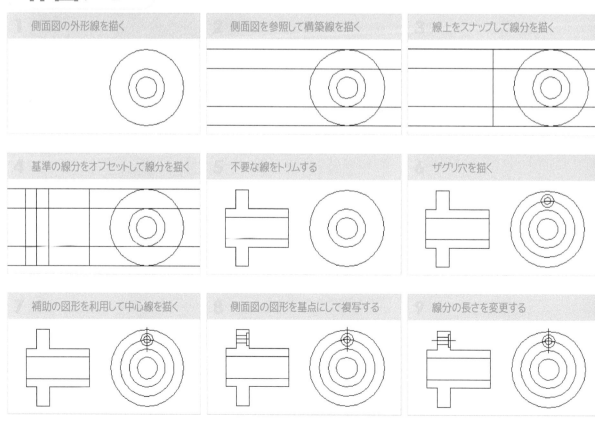

1　側面図の外形線を描く

2　側面図を参照して構築線を描く

3　線上をスナップして線分を描く

4　基準の線分をオフセットして線分を描く

5　不要な線をトリムする

6　ザグリ穴を描く

7　補助の図形を利用して中心線を描く

8　側面図の図形を基点にして複写する

9　線分の長さを変更する

Chapter 3

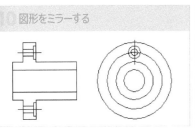
10 図形をミラーする

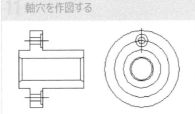
11 軸穴を作図する

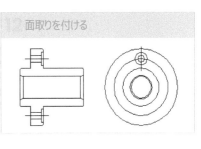
12 面取りを付ける

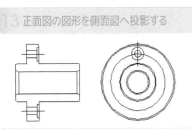
13 正面図の図形を側面図へ投影する

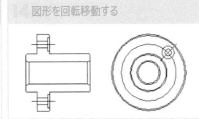
14 図形を回転移動する

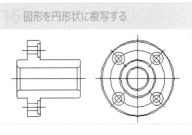
15 図形を円形状に複写する

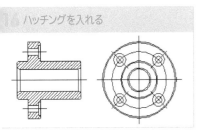
16 ハッチングを入れる

17 図面を保存する

---

1 側面図の外形線を描く

作図箇所

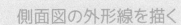

右側面図の外形線を描きます。

❶ 新規図面ファイルを開きます。

❷ [ホーム]タブ→[作成]パネル
→[円]コマンドの▼をクリック。

❸ [中心、直径]コマンドをクリック。

❹ 任意の位置をクリック。

❺ カーソルを移動すると図のような
状態になります。

❻ キーボードから70と入力し[Enter]
キーを押します。

▶ 直径70mmの円が描けました。

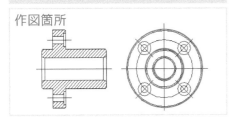

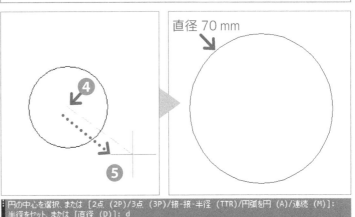

直径 70 mm

円の中心を選択、または [2点 (2P)/3点 (3P)/接-接-半径 (TTR)/円弧を円 (A)/連続 (M)]:
半径をセット、または [直径 (D)]:_d
円の直径をセット:70 ❻

❼[Enter]キーを押して再び円コマンドを実行します。

❽円の中心にカーソルを近づけ[中心]マーカーが表示された状態でクリック。

※[コマンドバー]を確認すると再び円コマンドが実行されていますがオプションは[半径]になっています。

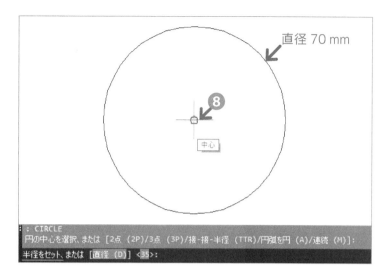

直径のオプションに変更します。

❾キーボードから**d**と入力し、[Enter]キーを押すと、[コマンドバー]にdと表示されます。

※アルファベットの入力は半角入力で行い、大文字、小文字は問いません。

❿キーボードから**35**と入力して[Enter]キーを押します。

▶直径35 mmの円が描けました。

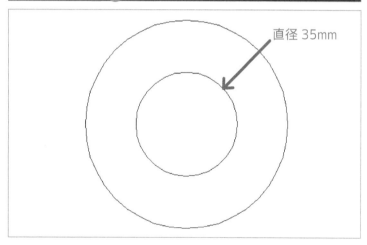

※以降、本書ではコマンドオプションは[オプション名称(アルファベット)]と表記します。キーボードから( )内のアルファベットを入力してください。

例) オプションの[直径(D)]を選択して[Enter]キーを押します。

⓫[Enter]キーを押して再び円コマンドを実行します。

⓬円の中心にカーソルを近づけ[中心]マーカーが表示された状態でクリック。

⓭オプションの[直径(D)]を選択して[Enter]キーを押します。

⓮キーボードから**20**と入力し[Enter]キーを押します。

▶直径20 mmの円が描けました。

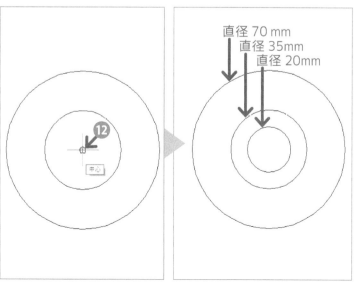

■コマンドオプション

コマンドオプションとは各コマンドの中に用意されている詳細の設定です。選択方法は3通りあります。

●オプションに割り当てられたアルファベットを[コマンドバー]に入力する
●[コマンドバー]をクリックする
●コマンドに付随する▼から選択する

本書では、コマンドオプションを選択する時には「オプションの[直径(D)]を選択して[Enter]キーを押します。」と表記しています。

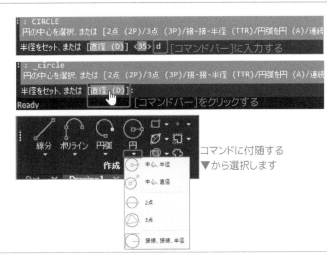

コマンドに付随する▼から選択します

2 側面図を参照して構築線を描く

作図箇所

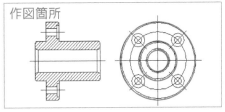

側面図を参照して正面図の外形線となる構築線を描きます。

構築線とは無限長の線を描くコマンドです。

❶[作成]パネル→[線分]コマンドの▼をクリック。

❷[構築線]コマンドをクリック。

❸オプションの[水平(H)]を選択し[Enter]キーを押します。

❹図の箇所にカーソルを近づけ[四半円点]マーカーが表示された状態でクリック。

▶スナップした四半円点に水平の構築線が描けました。

❺続けて図の箇所にカーソルを近づけ[垂線]マーカーが表示された状態でクリック。

※残りの四半円点の位置では[垂線]マーカーが優先して表示されます。

❻[Enter]キーを押してコマンドを終了します。

▶円の四半円点に水平な構築線が4本描けました。

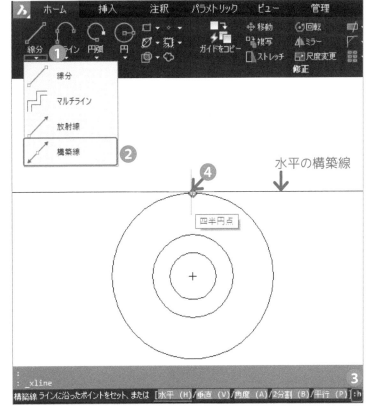

水平の構築線

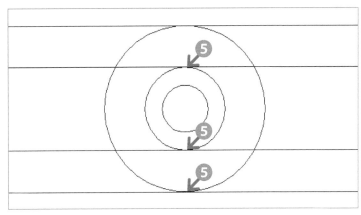

41

3 線上をスナップして線分を描く

❶[作成]パネル→[線分]コマンドをクリック。

※一時図形スナップを使用します。

❷[Shift]キー+右クリックで[近接点]を選択します。

❸線分の始点として任意の[近接点]でクリック。

※近接点スナップは図形上の任意の点をクリックできます。

※始点として円の図形より左側の線上でクリックします。

❹図の方向にカーソルを移動して[垂線]マーカーが表示された状態でクリック。

❺[Enter]キーを押してコマンドを終了します。

▶構築線の線上にスナップして鉛直の線分が描けました。

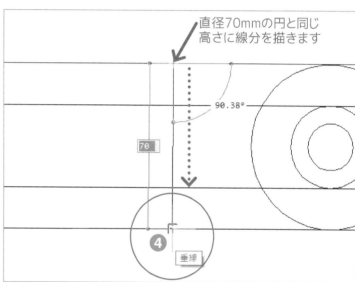

円の図形より左側で
近接点スナップをして
描き始めます

直径70mmの円と同じ
高さに線分を描きます

4 基準の線分をオフセットして線分を描く

基準となる線分をオフセットコピーして、正面図の外形となる線分を描きます。

❶[修正]パネル→[オフセット]コマンドをクリック。

❷オフセット距離に**50**と入力し[Enter]キーを押します。

❸オフセットする線分をクリック。

❹オフセットする方向にカーソルを移動してクリック。

▶基準となる線分から50mmオフセットした位置に線分がコピーできました。

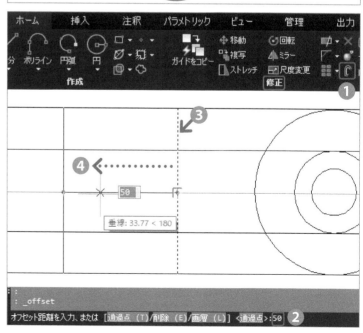

※オフセットコマンドが継続しています。

⑤オフセットする線分をクリック。

⑥オフセットする方向にカーソルを移動します。

※クリックはしません。

⑦オフセット距離に **10** と入力し [Enter] キーを押します。

▶10mmオフセットした位置に線分がコピーできました。

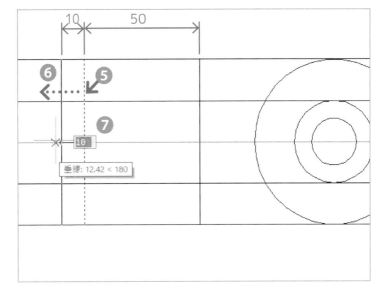

⑧オフセットする線分をクリック。

⑨オフセットする方向にカーソルを移動します。

※クリックはしません。

⑩オフセット距離に **12** と入力し [Enter] キーを押します。

▶12mmオフセットした位置に線分がコピーできました。

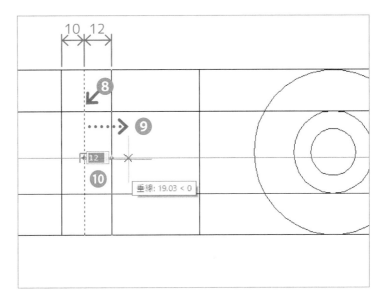

⑪[Enter]キーを押してコマンドを終了します。

▶オフセットした線分が描けました。

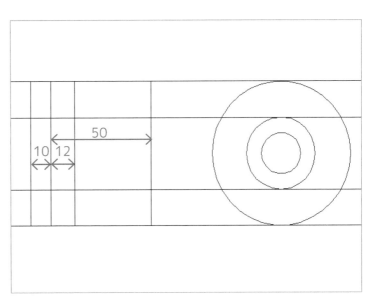

5 不要な線をトリムする

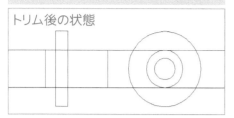

トリム後の状態

不要な線をトリムして正面図の外形となる線分を残します。

❶[修正] パネル→ [トリム] コマンドをクリック。

❷トリムの境界となる線分をクリック。

※境界となる線をカット図形といいます。

❸[Enter]キーを押して境界の選択を確定します。

※右クリックでも確定できます。

❹トリムする2箇所 (×印) をクリック。

▶不要な部分がトリムできました。

同様に下側をトリムします。

❺[Enter]キーを2回押して再びトリムコマンドを実行します。

❻トリムの境界となる線分をクリック。

❼[Enter]キーを押して境界の選択を確定します。

❽トリムする2箇所 (×印) をクリック。

▶不要な部分がトリムできました。

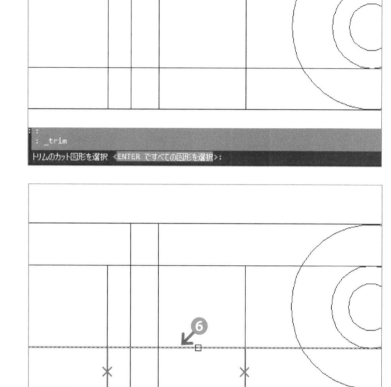

トリム後の状態

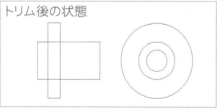

左右の不要な箇所をトリムします。

❾[Enter]キーを2回押して再びトリムコマンドを実行します。

❿トリムの境界となる図の線分をクリック。

⓫[Enter]キーを押して境界の選択を確定します。

⓬トリムする4箇所 (×印) をクリック。

▶不要な部分がトリムできました。

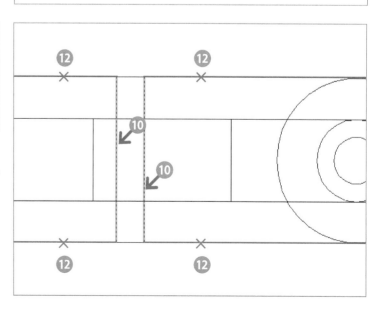

Chapter 3

⑬[Enter]キーを2回押して再びトリ
ムコマンドを実行します。

⑭トリムの境界となる図の線分をク
リック。

⑮[Enter]キーを押して境界の選択
を確定します。

⑯トリムする4箇所（×印）をクリック。

▶不要な部分がトリムできました。

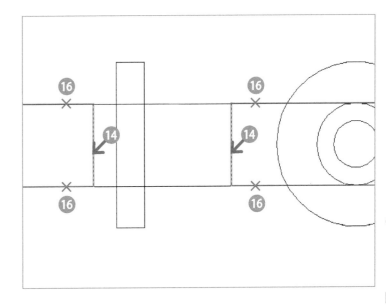

トリム後の状態

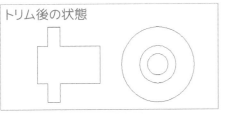

トリムの境界となる線分を範囲選
択し、不要な部分をトリムします。

⑰[Enter]キーを2回押して再びトリ
ムコマンドを実行します。

⑱トリムの境界となる図形を、右か
ら左の範囲選択で図のように選択
します。

⑲ [Enter] キーを押して境界の選択
を確定します。

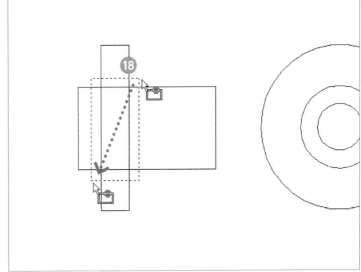

⑳トリムする4箇所（×印）をクリック。

▶不要な部分がトリムできました。

㉑ [Enter] キーを押してコマンドを
終了します。

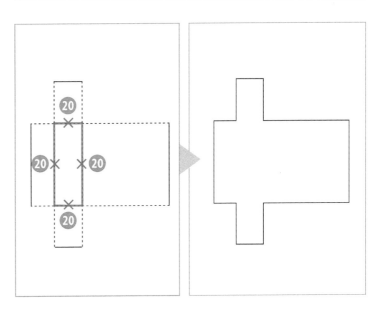

45

作図箇所

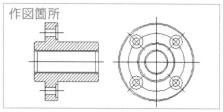

側面図を参照して正面図の断面部分を描きます。

㉒[作成]パネル→[線分]コマンドをクリック。

㉓図の箇所にカーソルを近づけ[四半円点]マーカーが表示された状態でクリック。

㉔図の方向にカーソルを移動し[垂線]マーカーが表示された状態でクリック。

㉕[Enter]キーを2回押して再び線分コマンドを実行します。

㉖同様に図の箇所にカーソルを近づけ[四半円点]マーカーが表示された状態でクリック。

㉗図の方向にカーソルを移動し[垂線]マーカーが表示された状態でクリック。

㉘[Enter]キーを押してコマンドを終了します。

▶円の四半円点に水平な線が描けました。

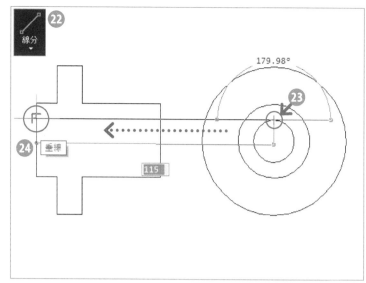

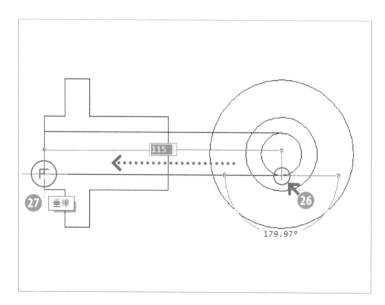

不要な部分をトリムします。

㉙[修正]パネル→[トリム]コマンドをクリック。

㉚トリムの境界となる図の線分をクリック。

㉛[Enter]キーを押して境界の選択を確定します。

㉜トリムする2箇所(×印)をクリック。

㉝[Enter]キーを押してコマンドを終了します。

▶不要な部分がトリムできました。

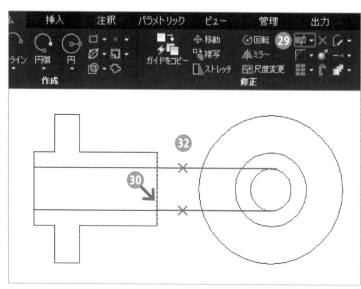

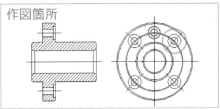

6 ザグリ穴を描く

作図箇所

ザグリ穴の基準円を描き、ザグリ穴を描きやすい位置で描きます。

❶[作成]パネル→[円]コマンドの▼をクリック。

❷[中心、直径]コマンドをクリック。

❸図の箇所にカーソルを近づけ[中心]マーカーが表示された状態でクリック。

❹キーボードから**52**と入力し[Enter]キーを押します。

▶直径52mmの円が描けました。

直径6.6 mmの円を描きます。

❺[Enter]キーを押して再び円コマンドを実行します。

❻図の箇所にカーソルを近づけ[四半円点]マーカーが表示された状態でクリック。

❼オプションの[直径(D)]を選択し[Enter]キーを押します。

❽円の直径に**6.6**と入力し[Enter]キーを押します。

▶直径6.6 mmの円が描けました。

同様の手順で直径12 mmの円を描きます。

❾[Enter]キーを押して再び円コマンドを実行します。

❿[Shift]キー+右クリックで[中心]を選択します。

⓫図の箇所にカーソルを近づけ[中心]マーカーが表示された状態でクリック。

⓬オプションの[直径(D)]を選択し[Enter]キーを押します。

⓭キーボードから**12**と入力し[Enter]キーを押します。

▶直径12mmの円が描けました。

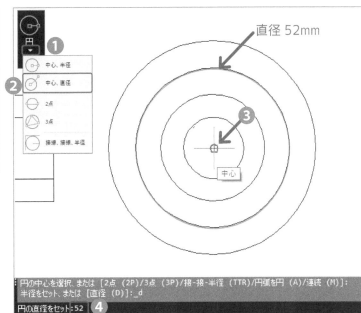

直径 52mm

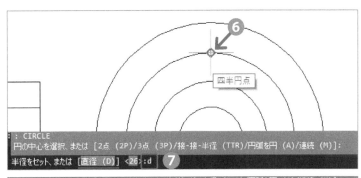

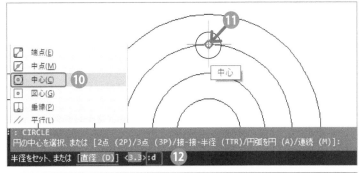

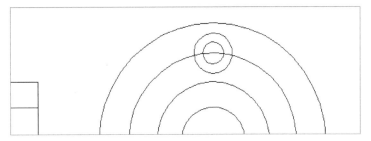

7 補助の図形を利用して中心線を描く

作図箇所

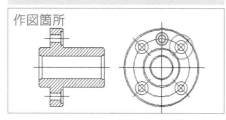

円をオフセットして描いた補助の図形を利用して中心線を描きます。

❶ [修正]パネル→[オフセット]コマンドをクリック。

❷ オフセット距離に **5** と入力して [Enter] キーを押します。

❸ 図の円をクリック。

❹ 円の外側にカーソルを移動してクリック。

❺ [Enter] キーを押してコマンドを終了します。

▶ 円が5mmオフセットできました。

❻ [作成]パネル→[線分]コマンドをクリック。

❼ 図の箇所にカーソルを近づけ [四半円点] マーカーが表示された状態でクリック。

❽ 図の方向にカーソルを移動し [垂線] マーカーが表示された状態でクリック。

❾ [Enter] キーを押してコマンドを終了します。

▶ 円を利用して線分が描けました。

不要な図形を削除します。

❿ 図の円をクリック。

⓫ [Delete]キーを押して削除します。

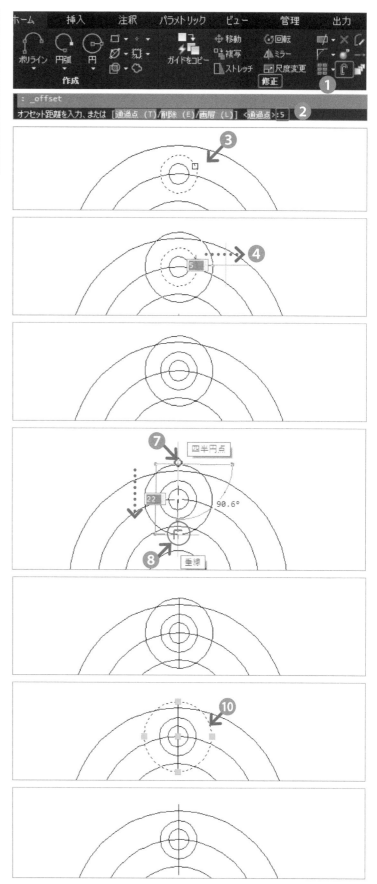

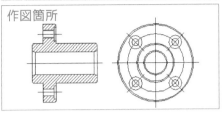

8 側面図の図形を基点にして複写する

作図箇所

線分の複写で正面図にザグリ穴を描き入れます。側面図のザグリ穴を複写の基点に利用します。

①[修正]パネル→[複写]コマンドをクリック。

②複写する線分をクリック。

③[Enter]キーを押してコピーする図形の選択を確定します。

④複写の基点にするために図の箇所にカーソルを近づけ[四半円点]マーカーが表示された状態でクリック。

⑤複写の参照ポイントとして図の5箇所(×印)を順にクリック。

⑥[Enter]キーを押してコマンドを終了します。

▶側面図の図形を複写の基点として参照し、正面図に線分を複写できました。

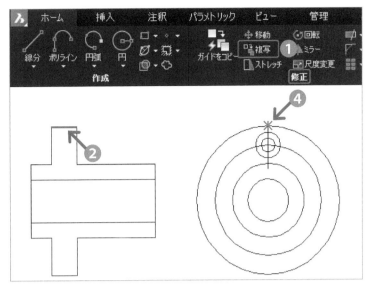

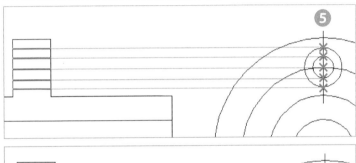

ザグリの深さの線分をオフセットコマンドで描きます。

⑦[オフセット]コマンドをクリック。

⑧オフセット距離に **2** と入力して[Enter]キーを押します。

⑨オフセットする線分をクリック。

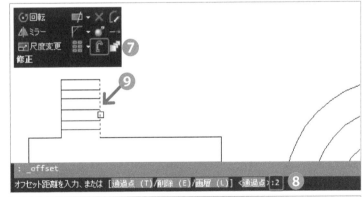

⑩図の方向にカーソルを移動してクリック。

⑪[Enter]キーを押してコマンドを終了します。

▶オフセットした線分が描けました。

不要な部分をトリムしてザグリ穴の形にします。

⑫[修正]パネル→[トリム]コマンドをクリック。

⑬トリムの境界となる図形を左から右の範囲選択で図のように選択します。

⑭[Enter]キーを押して境界の選択を確定します。

⑮図の6箇所(×印)をクリック。

⑯[Enter]キーを押してコマンドを終了します。

▶不要な部分がトリムできました。

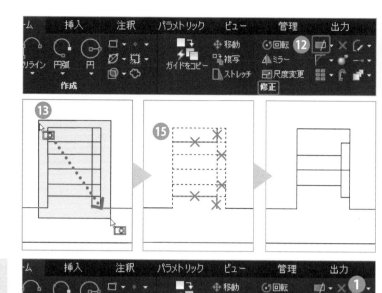

9 線分の長さを変更する

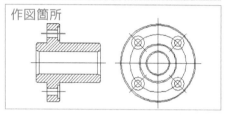

作図箇所

線分の両端を延長して中心線にします。

❶[修正]パネル→[長さ変更]コマンドをクリック。

❷オプションの[増分(I)]を選択し[Enter]キーを押します。

❸キーボードから**5**と入力して[Enter]キーを押します。

❹延長する線の端2箇所をクリック。

❺[Enter]キーを押してコマンドを終了します。

▶線分の両端が5mmずつ長くなりました。

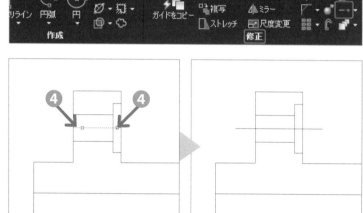

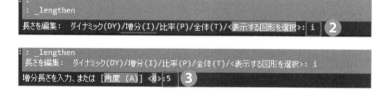

10 図形をミラーする

正面図のザグリ断面部をミラーコピーします。

❶[修正]パネル→[ミラー]コマンドをクリック。

❷ミラーする図形を左から右の範囲選択で図のように選択します。

❸[Enter]キーを押して選択を確定します。

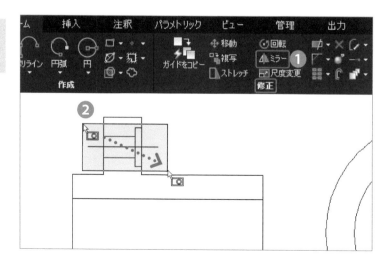

④図の箇所にカーソルを近づけ[中点]マーカーが表示された状態でクリック。

⑤図の方向にカーソルを移動し、[垂線]マーカーが表示された状態でクリック。

⑥オプションの[いいえ-図形を保持します(N)]を選択し[Enter]キーを押します。

※[はい(Y)]を選択すると元の図形が消えて対称移動になります。

▶部品の中心線を軸に図形がミラーコピーできました。

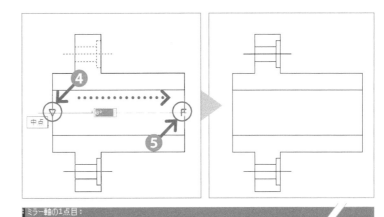

11 軸穴を作図する

今まで使用したコマンドを使い右図のように図形を追加します。

①側面図に直径22mmの円を描きます(作図手順はP39参照)。

②直径22mmの円の四半円点を通過する構築線を描きます(作図手順はP41参照)。

③外形から3mm内側にオフセットした線分を描きます(作図手順はP42参照)。

④②と外形線の交点と③と直径20mmの軸穴の外形線との交点を結ぶ斜めの線分を4箇所に描きます。

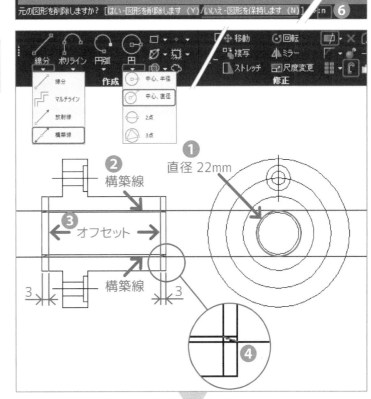

軸穴の断面部を仕上げます。

⑤[トリム]コマンドで図のように線をトリムします。

⑥構築線2本を選択して[Delete]キーを押して削除します。

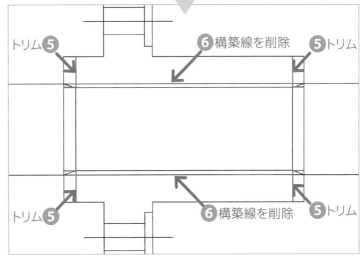

▶軸穴部分の詳細が描けました。正しくできているか右図で確認します。

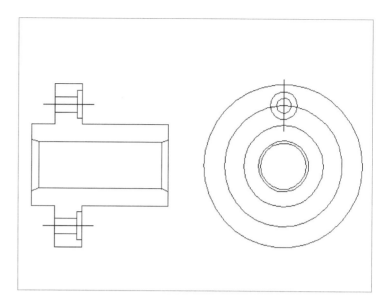

12 面取りを付ける

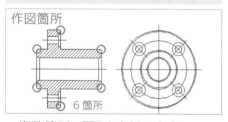

作図箇所

6箇所

複数箇所に面取りを付けます。

❶ [修正] パネル→ [面取り] コマンドをクリック。

❷オプションの [距離 (D)] を選択し [Enter] キーを押します。

❸キーボードから**1**と入力し [Enter] キーを押します。

※ 1 点目の距離が確定します。

※ 2 点目の面取り距離には❸で入力された数字が引き継がれます。

❹そのまま [Enter] キーを押します。

※ 2 点目の距離が確定します。

※複数箇所に面取りを付けるため、オプションの選択をします。

❺オプションの [連続 (M)] を選択し [Enter] キーを押します。

❻図の線をクリック。

❼図の線をクリック。

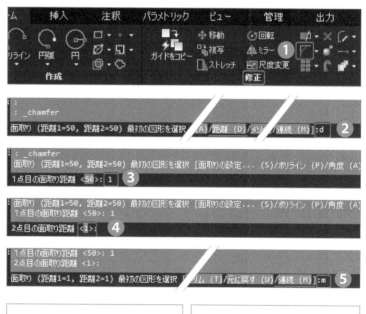

```
: _chamfer
面取り（距離1=50，距離2=50）最初の図形を選択 [（A）/距離（D）/メソ /連続（M）]:d  ❷
```

```
: _chamfer
面取り（距離1=50，距離2=50）最初の図形を選択 [面取りの設定... (S)/ポリライン (P)/角度 (A)
1点目の面取り距離 <50>: 1  ❸
```

```
面取り（距離1=50，距離2=50）最初の図形を選択 [面取りの設定... (S)/ポリライン (P)/角度 (A)
1点目の面取り距離 <50>: 1
2点目の面取り距離 <1>:  ❹
```

```
1点目の面取り距離 <50>: 1
2点目の面取り距離 <1>:
面取り（距離1=1，距離2=1）最初の図形を選択 [ リム (T)/元に戻す (U)/連続 (M)]:m  ❺
```

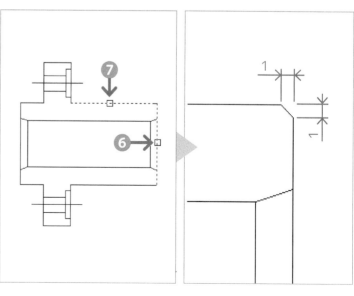

⑧〜⑰の番号順に図の線をクリック。

⑱[Enter]キーを押してコマンドを終了します。

▶ 6箇所の角が連続して面取りできました。

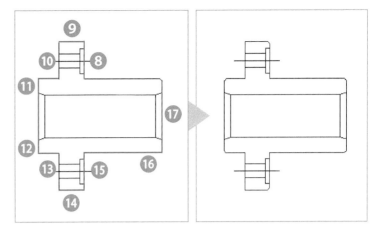

Chapter 3

13 正面図の図形を側面図へ投影する

作図箇所

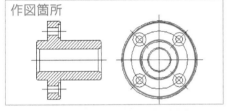

正面図に付けた面取りを側面図に投影し、円を描きます。

❶[作成]パネル→[線分]コマンド▼→[構築線]コマンドで図の端点に水平な構築線を2本描きます。

❷[Enter] キーを押してコマンドを終了します。

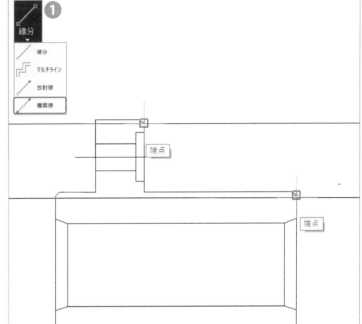

❸[作成]パネル→[円]コマンドの▼をクリック。

❹[中心、半径]コマンドをクリック。

❺円の中心をクリック。

❻図の方向にカーソルを移動し[垂線]マーカーが現れた状態でクリック。

❼[Enter]キーを押して再び円コマンドを実行します。

❽❺〜❻と同様の手順で上の構築線に接する円を描きます。

❾構築線2本を選択し[Delete]キーを押して削除します。

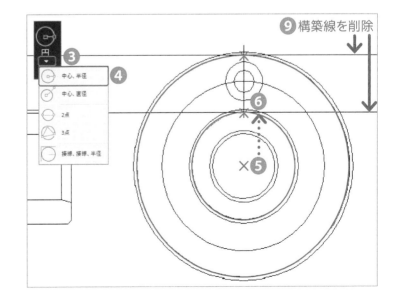

53

14 図形を回転移動する

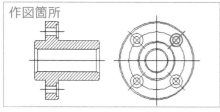

作図箇所

ザグリ穴を右へ45°回転移動します。

①[修正]パネル→[回転]コマンドをクリック。

②回転移動する円と線分を左から右の範囲選択で図のように選択します。

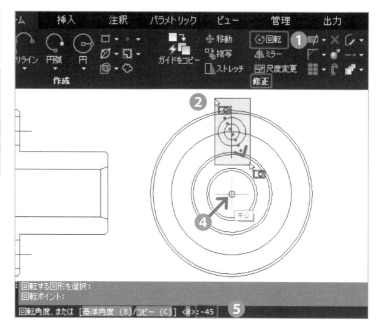

```
回転する図形を選択:
回転ポイント:
回転角度、または [基準角度 (B)/コピー (C)] <0>:-45   ⑤
```

③[Enter]キーを押して選択を確定します。

④回転ポイント(回転軸)に円の中心をクリック。

⑤キーボードから **-45** と入力し[Enter]キーを押します。

▶図形が指定した回転ポイントを中心に -45°回転移動しました。

※角度についてはP61「■極座標で表す角度」を参照。

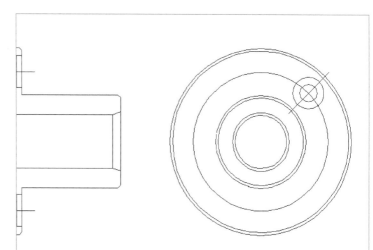

15 図形を円形状に複写する

ザグリ穴を円形状に4個配置します。

①[修正]パネル→[矩形配列]コマンドの▼をクリック。

②[円形配列]コマンドをクリック。

③複写する円と線分を、左から右の範囲選択で図のように選択します。

④[Enter]キーを押して選択を確定します。

⑤円の中心をクリック。

⑥オプションの[アイテム(I)]を選択し[Enter]キーを押します。

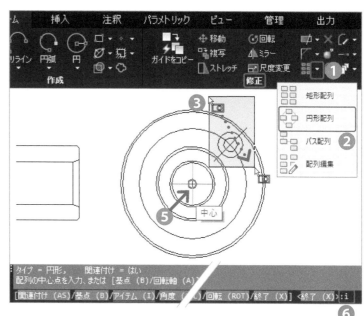

```
タイプ = 円形、    関連付け = はい
配列の中心点を入力、または [基点 (B)/回転軸 (A)]
[関連付け (AS)/基点 (B)/アイテム (I)/角度 (AL)/回転 (ROT)/終了 (X)] <終了 (X)>:i
```

⑦キーボードから**4**と入力し[Enter]
　キーを押します。

⑧もう一度[Enter]キーを押してコ
　マンドを終了します。

▶選択した図形が円形（360°に4つ
　のアイテムが均等に）配列されま
　した。

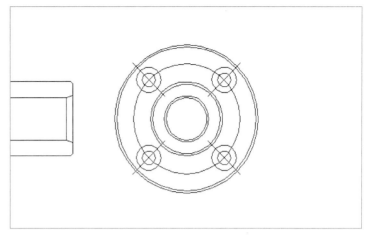

線分で中心線を描きます。

⑨[作成]パネル→[線分]コマンドで
　図のように線を描きます。

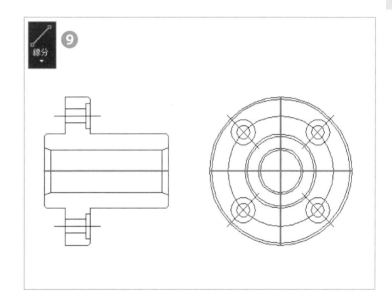

線分の両端を延長します。

⑩[修正]パネル→[長さ変更]コマ
　ンドのオプション[増分（I）]で図
　の線を5mm延長します（延長手順
　はP50参照）。

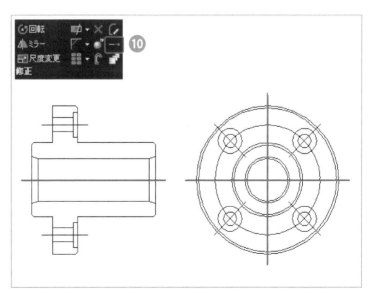

16 ハッチングを入れる

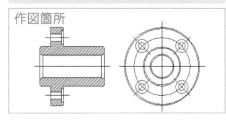

作図箇所

正面図の断面部にハッチングを入れます。

① [作成]パネル→[ハッチング]コマンドをクリック。

② [ハッチングとグラデーション]ダイアログが表示されます。

③ パターンの[種類]に[ユーザー定義]を選択します。

④ パターンの[角度]に[45]を選択します。

⑤ パターンの[間隔]に2と入力します。

⑥ 境界の[境界内の点をピック]をクリック。

⑦ モデル画面に戻ります。

⑧ ハッチングを行いたい領域の内側をクリックすると、プレビュー表示されます。

⑨ [Enter]キーを押すと[ハッチングとグラデーション]ダイアログが再度表示されます。

⑩ [OK]をクリック。

▶ハッチングが入りました。

▶ガイドブッシュが作図できました。

※中心線の線種はChapter6で変更します。

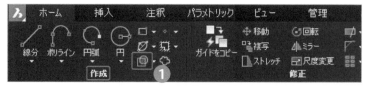

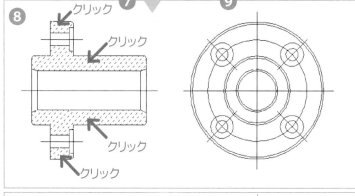

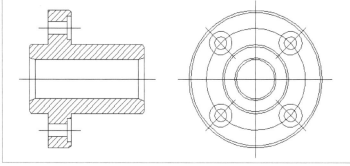

17 図面を保存する

作成した図面を保存します。この図面は以降の Chapter で使用します。

❶[ツールバー]→[名前を付けて保存]をクリック。

❷[図面に名前を付けて保存]ダイアログが表示されます。

❸[デスクトップ]をクリック。

❹[新規フォルダ]をクリック。

❺フォルダ名に**作図演習**と入力します。

❻[作図演習]フォルダを選択して[開く]をクリック。

❼ファイル名に**ガイドブッシュ**と入力します。

❽[保存]をクリック。

❾指定した保存先に図面ファイルが保存できました。

❿保存したファイル名に表示が変わりました。

※保存したファイルは引き続き以降の Chapter で使用します。

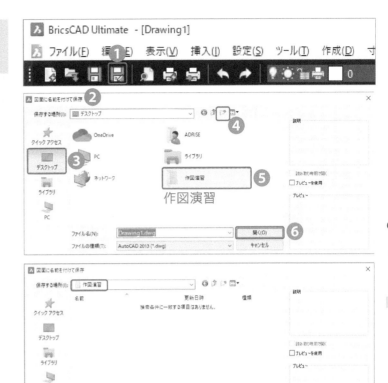

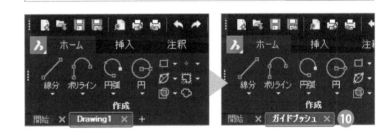

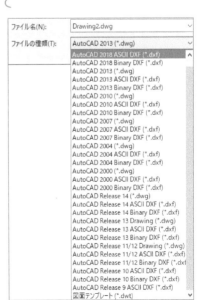

■ファイルの保存と開く

❶ファイルを開く
保存したファイルを開きます。

❷上書き保存
既存のファイルの内容を書き換えて上書き保存します。

❸名前を付けて保存
ファイル名を付けて新しいファイルとして保存します。

■ファイルの拡張子について

BricsCAD で保存できるファイル形式[拡張子]は主に3種類あります。

●図面ファイル[.dwg]
標準図面ファイル形式です。

●図面テンプレート[.dwt]
読み取り専用のひな形ファイルです。あらかじめ図面枠や画層、スタイルを保存し使用することができます。

●中間ファイル[.dxf]
さまざまな CAD アプリケーションで読み込むことのできるファイル形式です。異なる CAD 間でデータを交換するのに利用します。

ファイル名(N):	Drawing2.dwg
ファイルの種類(T):	AutoCAD 2013 (*.dwg)
	AutoCAD 2018 ASCII DXF (*.dxf)
	AutoCAD 2018 Binary DXF (*.dxf)
	AutoCAD 2013 (*.dwg)
	AutoCAD 2013 ASCII DXF (*.dxf)
	AutoCAD 2013 Binary DXF (*.dxf)
	AutoCAD 2010 (*.dwg)
	AutoCAD 2010 ASCII DXF (*.dxf)
	AutoCAD 2010 Binary DXF (*.dxf)
	AutoCAD 2007 (*.dwg)
	AutoCAD 2007 ASCII DXF (*.dxf)
	AutoCAD 2007 Binary DXF (*.dxf)
	AutoCAD 2004 (*.dwg)
	AutoCAD 2004 ASCII DXF (*.dxf)
	AutoCAD 2004 Binary DXF (*.dxf)
	AutoCAD 2000 (*.dwg)
	AutoCAD 2000 ASCII DXF (*.dxf)
	AutoCAD 2000 Binary DXF (*.dxf)
	AutoCAD Release 14 (*.dwg)
	AutoCAD Release 14 ASCII DXF (*.dxf)
	AutoCAD Release 14 Binary DXF (*.dxf)
	AutoCAD Release 13 Drawing (*.dwg)
	AutoCAD Release 13 ASCII DXF (*.dxf)
	AutoCAD Release 13 Binary DXF (*.dxf)
	AutoCAD Release 11/12 Drawing (*.dwg)
	AutoCAD Release 11/12 ASCII DXF (*.dxf)
	AutoCAD Release 11/12 Binary DXF (*.dxf)
	AutoCAD Release 10 ASCII DXF (*.dxf)
	AutoCAD Release 10 Binary DXF (*.dxf)
	AutoCAD Release 9 ASCII DXF (*.dxf)
	図面テンプレート (*.dwt)

02 作成コマンド

02-1 線分 [line]

▶ Chapter3　図形の作成と修正

Chapter 3

コマンド

リボン ➡ [ホーム] タブ→ [作成] パネル

アイコン ➡

コマンド入力 ➡ line[Enter]
メニューバー ➡ [作成] → [線分]

トレーニングファイル
BricsCAD_trainingdata フォルダ
→トレーニングフォルダ
→作成・修正コマンド練習 .dwg

機 能

指定した始点から終点までを結ぶ線分を描きます。連続した線分を描くことができ、それぞれの線分は独立した図形となります。

作成コマンド・修正コマンド操作解説で使用する図形は準備図形を参考に図形を作成してコマンド操作練習をするか、トレーニングファイル[作成・修正コマンド練習.dwg]をご使用ください。

1 線分を描く

❶[作成]パネル→[線分]コマンドをクリック。

❷始点をクリック。

❸終点をクリック。

❹[Enter]キーを押すとコマンドが終了します。

▶線分が描けました。

2 水平・垂直の線分を描く

直交モードを使用して水平・垂直の線分を描きます。

❶直交モードをオンにします。

※直交モードについては P61 参照。

❷[線分]コマンドをクリック。

❸始点をクリック。

❹終点をクリック。

※続けて垂直の線分を描きます。

❺図の方向にカーソルを移動してクリック。

❻[Enter]キーを押すとコマンドが終了します。

▶水平・垂直の線分が描けました。

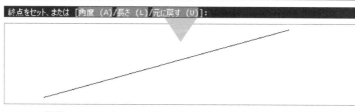

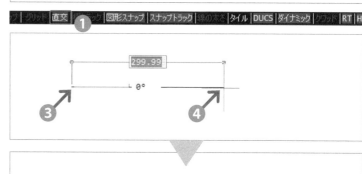

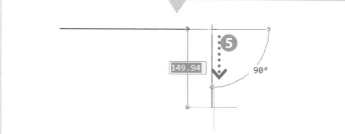

極トラックを使用して水平な線分を描きます。

❶極トラックをオンにします。

※極トラックについては P61 参照。

❷[作成]パネル→[線分]コマンドをクリック。

❸始点をクリック。

※水平方向にカーソルを動かすと仮想線が現れます。

❹仮想線上で終点をクリック。

❺[Enter]キーを押すとコマンドが終了します。

▶水平な線分が描けました。

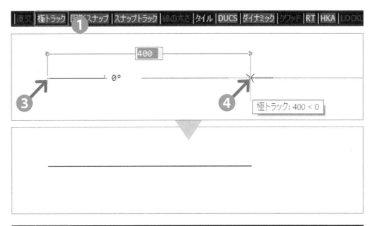

3 長さを指定して線分を描く

❶極トラックをオンにします。

❷[線分]コマンドをクリック。

❸始点をクリック。

※水平方向にカーソルを動かすと仮想線が現れます。

❹**400**と入力すると、図の位置に入力した数値が表示されます。

❺[Enter]キーを押します。

❻続けて[Enter]キーを押すとコマンドが終了します。

▶長さ400mmの線分が描けました。

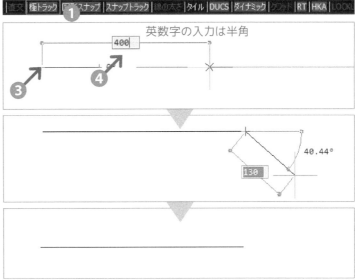

4 長さと角度を指定して線分を描く

❶[線分]コマンドをクリック。

❷始点をクリック。

❸**200**と入力します。

❹[Tab]キーを押します。

※線分の長さ 200 mm を保ちながら角度が入力ができます。

❺カーソルを始点より上の位置に移動します。

❻**15**と入力します。

❼[Enter]キーを押すと長さ200mm角度15°の線分が描けます。

❽[Enter]キーを押すとコマンドが終了します。

`終点をセット、または [角度（A）/長さ（L）/元に戻す（U）]:@200<15`

[コマンドバー]で指定するには、[@200<15]または[@200<-15]と入力してEnterキーを押します。<(不等号の小なり記号)を入力すると角度を指定することができます。

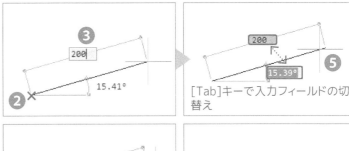

[Tab]キーで入力フィールドの切替え

※❺のカーソルの位置によって結果が異なります。

始点

カーソルが始点より下の場合

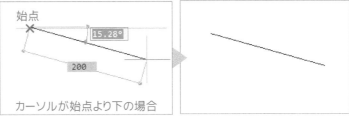

5 座標を指定して 線分を描く

① [作成]パネル→[線分]コマンドを クリック。

② 始点をクリック。

③ **500,(カンマ)300**と入力します。

④ [Enter]キーを押します。

⑤ X 方向 500,Y 方向 300 の線分が 描けました。

⑥ [Enter]キーを押すとコマンドが終 了します。

※[コマンドバー]に数値を入力する方 法

長さと角度を指定

座標指定

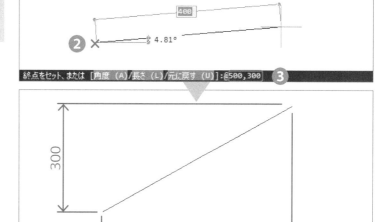

終点をセット、または [角度（A）/長さ（L）/元に戻す（U）]:@500,300 ③

300

500

長さと角度を指定：長さ 200 mm角度 15°の場合

終点をセット、または [角度（A）/長さ（L）/元に戻す（U）]:@200<15

[200<15]または [200<-15]と入力して[Enter]キーを押して確定します。
[@(相対座標)]は自動で入力されます。
[< (小なり記号)]の入力はキーボードの [Shift] キー +[ね] キーを押し て入力します。

座標指定：相対座標 X500,Y300 の場合

終点をセット、または [角度（A）/長さ（L）/元に戻す（U）]:@500,300

[500,300] と入力して [Enter] キーを押して確定します。
[@(相対座標)]は自動で入力されます。
[,(カンマ)] の入力はキーボードの [ね] キーを押して入力します。

■座標指定入力と相対座標入力

○絶対座標

絶対座標とは X 軸と Y 軸が交差する点 (0,0) を原点として、その原点からどれ だけ離れているかを表す座標です。

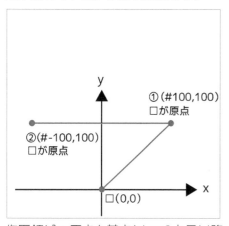

作図領域の原点を基点として2点目以降 の位置を座標で指示する方法です。
必ず、原点(0、0)を基準として座標値を 数えます。
#の後にx値、y値を入力することで絶対 座標となります。
*(アスタリスク)でも同様に絶対座標入 力できます。

○相対座標

相対座標とは任意の点を (0,0) の基点 として位置を表す座標です。

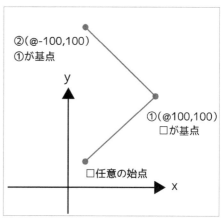

任意の点を基点として 2 点目以降の位 置を座標で指示する方法です。
クリックした箇所が基点となり、絶対座 標入力と同じ座標値を入力しても、描か れる線はまったく違うものになります。
@の後にx値、 y 値を入力することで相 対座標となりますが、@を省略しても相 対座標になるよう設定されています。

■極座標で表す角度

角度は、時計の3時の方向を0°とし、反時計回りはプラスの値で、時計回りはマイナスの値で入力します。だだし、カーソルがある位置をプラス側と認識するため、入力するプラス、マイナスはカーソルの位置を基準に入力します。

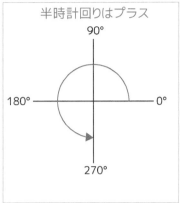
半時計回りはプラス

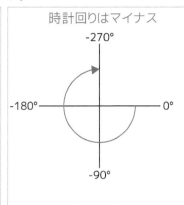
時計回りはマイナス

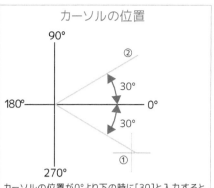
カーソルの位置

カーソルの位置が0°より下の時に[30]と入力すると結果は①、[-30]と入力すると結果は②になります。

■直交モードと極トラック

○直交モード

直交モードをオンにすると、カーソルの動きを、水平または垂直方向 [0°,90°,180°,270°] のみに制限します。

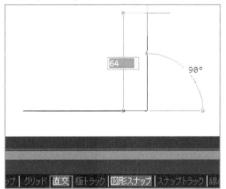

○極トラック

極トラックをオンにしてカーソルを動かすと角度0°から指定した角度に仮想線が現れます。

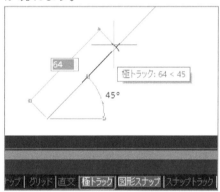

※直交モードと極トラックは、同時に使用することができません。どちらか一方を選択すると、もう一方はオフになります。
※極トラックがオンの時に、直交モードに一時的に切替えるには [Shift] キーを押したまま操作をします。

○角度の設定

❶極トラックの上で右クリック。
❷[設定] をクリック。
❸極角度に設定したい数値を入力します。
※極角度に45°の設定をすると、0°、45°、90°、135°、180°、225°、270°、315°、360°で仮想線が現れます。

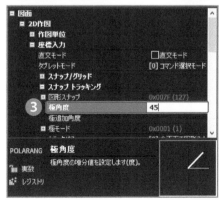

■傾いた線分の描き方

傾きのある線分の描き方にはつぎの4つの方法があります。

○極座標入力

極座標入力とは図形を描いたり移動の際に、距離と角度を入力し座標位置を指示することです。

任意の始点 (A) から「距離<角度」を入力することにより、(B) の位置を導きます。

○直交座標入力

直交座標入力とは、作図空間を X,Y の座標に見立てて入力する方法です。

任意の始点 (A) を (0,0) とし、そこから X 方向の値、Y 方向の値を入力することで (B) の位置を導きます。

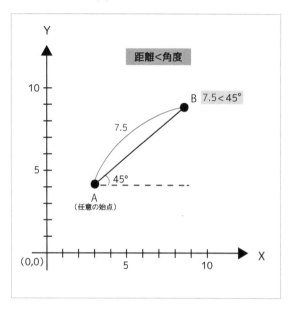

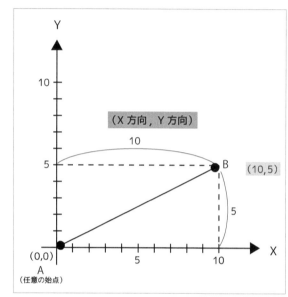

○極トラック入力

極トラックをオンにした状態で、任意の始点 (A) からカーソルを動かすと、指定した角度に仮想線が現れます。

仮想線で方向を示した状態で距離を入力することで、指定した角度と距離の位置 (B) を導くことができます。

○ダイナミック入力

ダイナミック入力とはカーソルの近くに表示されるフィールドのことです。

それを使用してコマンドを入力したり、値を指定することができます。

距離、角度の数値を [Tab] キーで切替え入力することで、傾きのある線分を描きます。

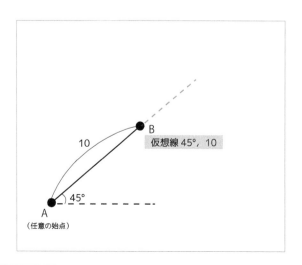

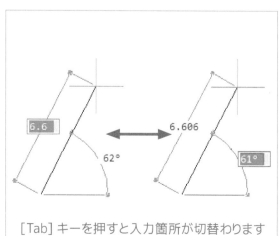

[Tab] キーを押すと入力箇所が切替わります

02-2　　長方形 [rectang]

コマンド

リボン ➡ [ホーム] タブ→ [作成] パネル

アイコン ➡

コマンド入力 ➡ rectang[Enter]
メニューバー ➡ [作成] → [長方形]

機　能

四角形を描きます。[寸法] や [面積] などの条件を指定して描くことができます。

1　座標を指定して長方形を描く

❶[作成]パネル→[長方形]コマンドをクリック。

❷任意の位置をクリック。

※カーソルを移動すると長方形が現れ、X 方向の数値の入力状態になります。

❸200と入力します。

❹[Tab]キーを押します。

※ Y 方向の数値のフィールドが入力状態になります。

❺150と入力します。

❻[Enter]キーを押します。

▶長方形が描けました。

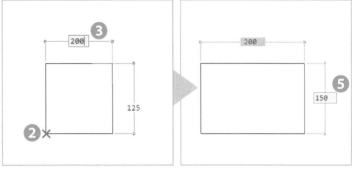

矩形の最初のコーナーを選択、または [面取り（C）/フィレット（F）/回転（R）/正方形（S）/高度（E）/厚さ

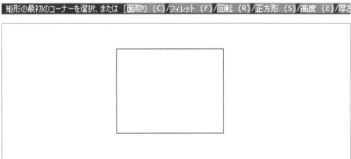

■ポリラインを線分に分解する

長方形コマンドやポリゴンコマンドで描いた図形はポリラインという、ひとつながりの要素として作成されます。線分として扱うためには、分解コマンドで個々の要素に分解します。

分解 [explode]

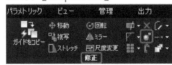

複数の要素から構成されている１つの図形を、別々の図形に分解します。分解すると、分解前に持っていた属性は失われますが、別々の要素として編集できるようになります。

❶ [ホーム] タブ → [修正] パネル → [分解] コマンドをクリック。

❷ ポリラインの図形を選択して、[Enter] キーを押します。

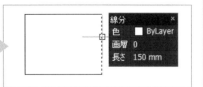

▶ ポリラインが１本１本の線分に分解できました。

02-3 円 [circle]

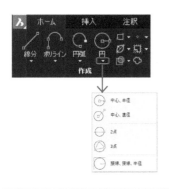

コマンド

リボン ➡ [ホーム] タブ➡ [作成] パネル

アイコン ➡

コマンド入力 ➡ circle[Enter]
メニューバー ➡ [作成] → [円] → [中心 - 半径][中心 - 直径][2点][3点]
[接点、接点、半径][円弧を円に変換]

機　能

円を描きます。作図方法は指定条件によって 5 通りから選ぶことができます。

1 中心と半径を指定して円を描く

 中心、半径

❶[作成]パネル→[円]コマンドの▼をクリック。

❷[中心、半径]コマンドをクリック。

❸円の中心として任意の位置をクリック。

❹100と入力すると、図の位置に入力した数値が表示されます。

❺[Enter]キーを押します。

▶半径100mmの円が描けました。

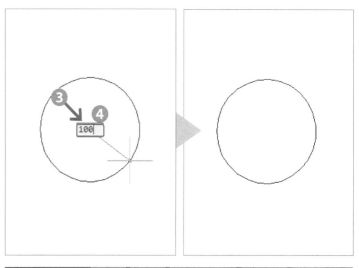

円の中心を選択、または [2点（2P）/3点（3P）/接-接-半径（TTR）/円弧を円（A）/連続（M）]:

2 中心と直径を指定して円を描く

 中心、直径

❶[円]コマンドの▼をクリック。

❷[中心、直径]コマンドをクリック。

❸円の中心として任意の位置をクリック。

❹キーボードから200と入力し、[Enter] キーを押します。

▶直径200mmの円が描けました。

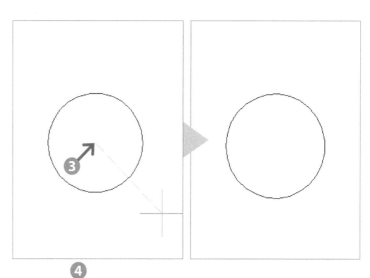

円の直径をセット:200

3 　2本の線に接する円の半径を指定して描く

準備図形　図のような図形を描きます。

　接線、接線、半径

❶[作成]パネル→[円]コマンドの▼をクリック。

❷[接線、接線、半径]コマンドをクリック。

❸直線をクリック。

❹続けて2つ目の直線をクリック。

❺**100**と入力して[Enter]キーを押します。

▶2本の線に接する半径100mmの円が描けました。

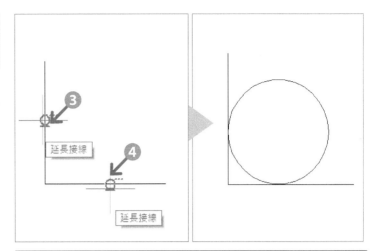

円の最初の接線の点を指示：

円の2番目の接線の点を指示：

円の半径：`100` ❺

4 　点を指定して円を描く

2点

準備図形　図のような図形を描きます。

200

　2点

❶[円]コマンドの▼をクリック。

❷[2点]コマンドをクリック。

❸点を2箇所クリック。

▶2点間を直径とする円が描けました。

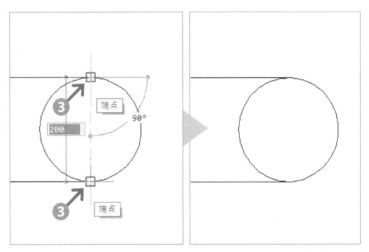

直径の1点目：

直径の2点目：

3点

準備図形　図のような図形を描きます。

200 / 200

　3点

❶[円]コマンドの▼をクリック。

❷[3点]コマンドをクリック。

❸点を3箇所クリック。

▶3点を通過する円(三角形の外接円)が描けました。

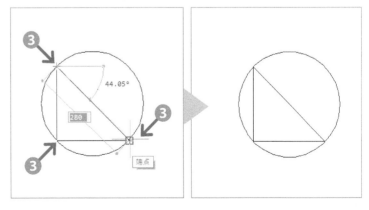

円の1点目：

2点目：

3点目：

02-4 構築線 [xline]

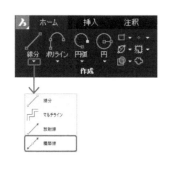

コマンド

リボン ➡ [ホーム] タブ→ [作成] パネル

アイコン ➡

コマンド入力 ➡ xline[Enter]
メニューバー ➡ [作成] → [構築線]

機　能

無限の長さを持つ直線を描きます。構築線は作図の補助線や投影のための参照線として使われます。

1 任意の2点を通る構築線を作成する

❶ [作成]パネル→[線分]コマンドの▼をクリック。

❷ [構築線]コマンドをクリック。

❸ 1点目を任意の位置でクリック。

❹ 通過点を任意の位置でクリック。

※この時図形スナップを選択すると図形の点を通過する構築線が描けます。

▶任意の2点を通る無限に延びる線が描けました。

※続けて構築線を描くことができます。

❺ 通過点を任意の位置でクリック。

※[Enter]キーを押すとコマンドが終了します。

▶構築線が2本描けました。

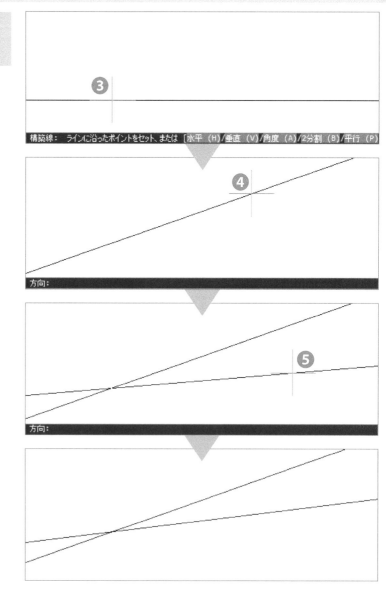

2 角を2等分する 構築線を作成する

準備図形 図のような図形を描きます。

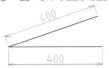

右のような2つの線分のなす角を
2等分する構築線を作成します。

❶[作成]パネル→[線分]コマンドの
▼をクリック。

❷[構築線]コマンドをクリック。

❸オプションの [2分割 (B)] を選択
し [Enter] キーを押します。

❹2等分する角の頂点(図の端点)を
クリック。

❺角をなす線分の端点をクリック。

❻角をなすもう1つの線分の端点を
クリック。

❼[Enter]キーを押してコマンドを終
了します。

▶角を2等分する構築線が描けまし
た。

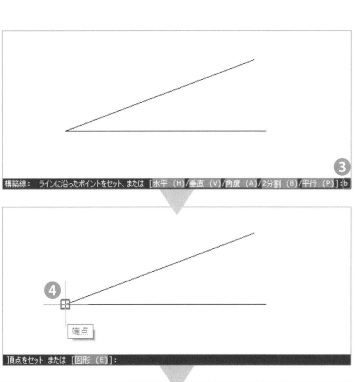

構築線: ラインに沿ったポイントをセット、または [水平 (H)/垂直 (V)/角度 (A)/2分割 (B)/平行 (P)]:b

頂点をセット または [図形 (E)]:

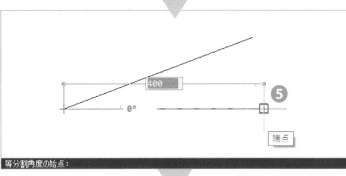

等分割角度の始点:

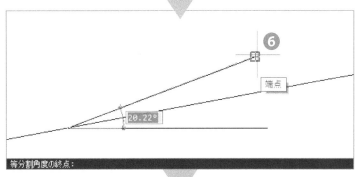

等分割角度の終点:

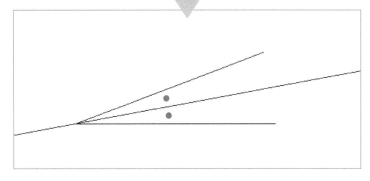

02-5　　ハッチング [hatch]

コマンド

リボン ➡ [ホーム] タブ→ [作成] パネル

アイコン ➡

コマンド入力 ➡ hatch[Enter]
メニューバー ➡ [作成] → [ハッチング]

機　能

指定した領域を斜線などのパターンで塗りつぶします。主に断面や材質を表すために用いられます。ハッチングを行う領域は、閉じた図形である必要があります。

1 ハッチングを作成する

準備図形　図のような図形を描きます。

❶[ハッチング]コマンドをクリック。

❷[ハッチングとグラデーション]ダイアログが表示されます。

❸パターンの[種類]に[ユーザー定義]を選択します。

❹パターンの[角度]に[45]を選択します。

❺パターンの[間隔]に10と入力します。

❻境界の[境界内の点をピック]をクリック。

❼モデル画面に戻ります。

❽ハッチングを行いたい領域の内側をクリックするとプレビュー表示されます。

❾[Enter]キーを押すと[ハッチングとグラデーション]ダイアログが再度表示されます。

❿[OK]をクリック。

▶ハッチングが入りました。

※条件を変更したい場合は[OK]をクリックする前に[ハッチングとグラデーション]ダイアログから変更します。

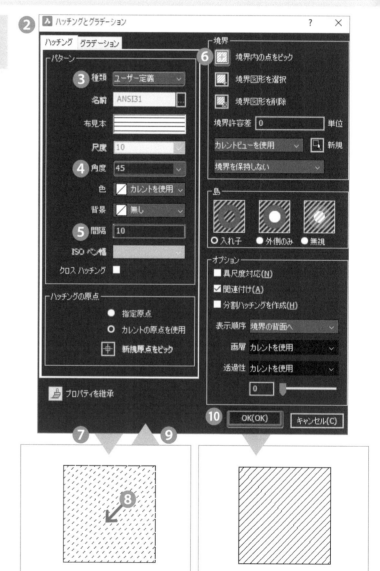

2 ハッチングを編集する

準備図形 図のような図形を描きます。

200
200

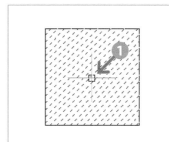

❶編集したいハッチングの上でダブルクリック。

❷[ハッチング編集]ダイアログが表示されます。

❸各項目でハッチング条件を変更します。

❹[OK]をクリック。

▶ハッチングが編集できました。

■ハッチングの境界指定

ハッチングの境界の指定方法にはつぎの
2種類があります。

―境界内の点をピック
―境界図形を選択

○境界内の点をピック

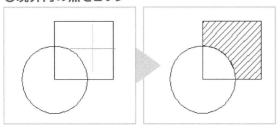

[ハッチング]タブで[境界内の点をピック]をクリックし、図形の内側をクリックすると、クリックした点を囲む境界内にハッチングが入ります。

○境界図形を選択

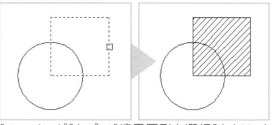

[ハッチング]タブで[境界図形を選択]をクリックし、図形をクリックすると図形を境界として内側にハッチングが入ります。

03

修正コマンド

03-1　 複写 [copy]/ 移動 [move]

コマンド

リボン ➡ [ホーム] タブ→ [修正] パネル

アイコン ➡

コマンド入力 ➡ copy[Enter]/move[Enter]
メニューバー ➡ [修正] → [複写]/[修正] → [移動]

機 能

図形を複写 / 移動します。図形の移動量を始点と終点で指定する方法と、数値で指定する方法があります。また、図形を連続複写するオプションがあります。

基点を指定して複写 / 移動する

準備図形　図のような図形を描きます。

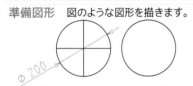

φ 200

2本の破線を、他の円の中心に複写/移動します。

❶[修正]パネル→[複写]/[移動]コマンドをクリック。

❷複写 / 移動する図形を選択します。

❸ [Enter] キーを押して図形の選択を確定します。

※一時図形スナップを使って交点をスナップします。

❹複写 / 移動の基点として [Shift] + 右クリックで [交点] を選択し図の交点をクリック。

❺複写 / 移動する先として円の中心をクリック。

▶複写 / 移動する図形の基点と複写 / 移動する先を指定することで図形を複写 / 移動できました。

※[複写]コマンドの場合は[Enter]キーを押すとコマンドが終了します。

※[移動]コマンドの場合、元の図形は残りません。

※[移動]コマンドは移動とともにコマンドが終了します。

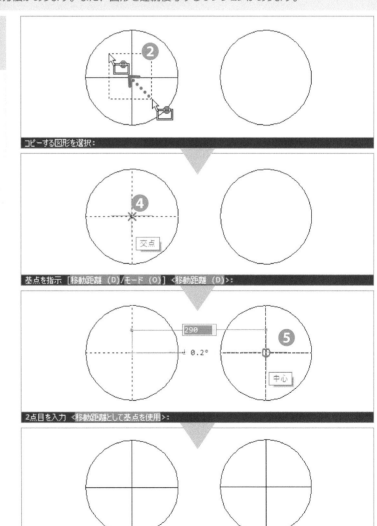

2 距離を指定して 複写 / 移動する

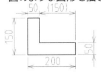

準備図形 図のような図形を描きます。

① [複写/移動]コマンドをクリック。

② 複写/移動する図形を選択します。

③ [Enter]キーを押して図形の選択を確定します。

④ 複写/移動の基点として図の端点をクリック。

⑤ カーソルを水平に移動します。

⑥ **250**と入力して[Enter]キーを押します。

▶ 水平方向に250mm移動した位置に図形を複写 / 移動できました。

※ 引き続き数値を入力することで連続して複写できます。

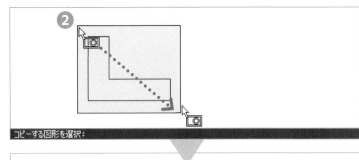

コピーする図形を選択：

端点

基点を指示 [移動距離 (D)/モード (O)] <移動距離 (D)>：

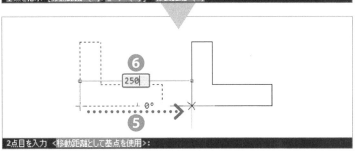

250

0°

2点目を入力 <移動距離として基点を使用>：

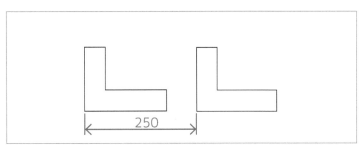

250

3 座標を指定して 複写 / 移動する

① 「2 距離を指定して複写/移動する」の①〜③までと同じ手順です。

② 基点に図の端点をクリック。

③ **250,**(カンマ)**50**と入力して[Enter]キーを押します。

▶ X方向に250、Y方向に50移動した位置に複写/移動できました。

端点

基点を指示 [移動距離 (D)/モード (O)] <移動距離 (D)>：

2点目を入力 <移動距離として基点を使用>：@250,50

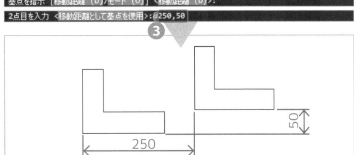

250

50

03-2 回転 [rotate]

コマンド

リボン ➡ [ホーム] タブ→ [修正] パネル

アイコン ➡

コマンド入力 ➡ rotate[Enter]
メニューバー ➡ [修正] → [2D 回転]

機 能

図形を回転します。基点を中心に図形の回転量を始点と終点で指定する方法と、回転させる角度を数値で指定する方法があります。

1 角度を指定して回転する

準備図形　図のような図形を描きます。

❶ [修正]パネル→[回転]コマンドをクリック。

❷ 回転する図形を選択します。

❸ [Enter]キーを押して選択を確定します。

❹ 回転の基点(中心)として図の端点をクリック。

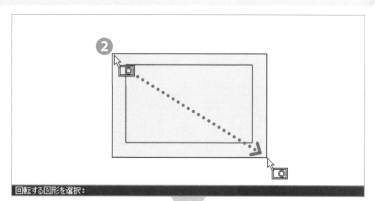

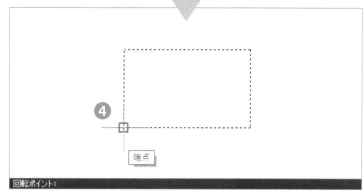

❺ **30**と入力して[Enter]キーを押します。

▶ 基点を中心に図形が30°回転しました。

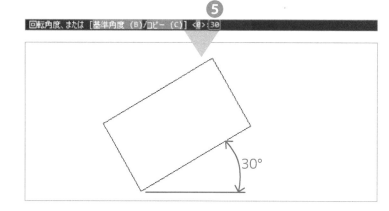

2 回転しながら複写する

準備図形　図のような図形を描きます。

① 「1 角度を指定して回転する」の① 〜③までと同じ手順です。

② 回転の基点(中心)として図の端点を クリック。

③ オプションの[コピー(C)]を選択し [Enter]キーを押します。

④ **-30**と入力して[Enter]キーを押し ます。

▶ 元の図形が残っている状態で-30° 回転複写できました。

3 他の図形の線分に合わせて回転する

準備図形　図のような図形を描きます。

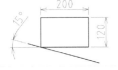

① 「1 角度を指定して回転する」の① 〜③までと同じ手順です。

② 回転の基点(中心)として図の端点を クリック。

③ オプションの[基準角度(B)]を選択 し[Enter]キーを押します。

④ 図の端点をクリック。

⑤ 図の端点をクリック。

※ 回転角度を決める線分の端点を選 択します。

⑥ 図の端点をクリック。

▶ 回転の基点を中心に、指定した図 形の線分まで回転できました。

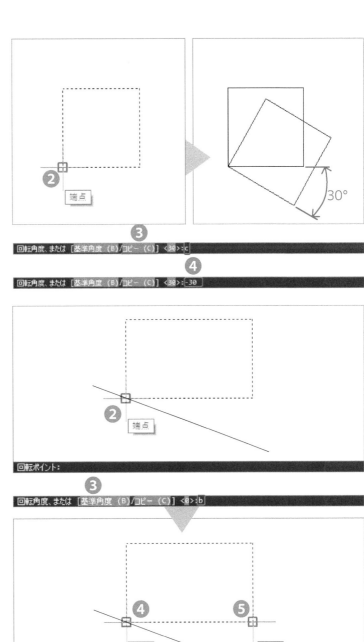

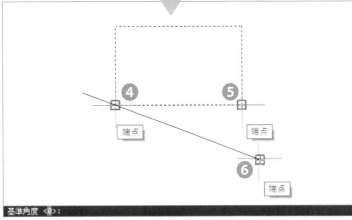

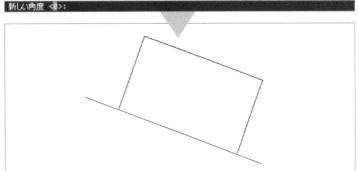

03-3 ミラー［mirror］

コマンド

> リボン ➡ ［ホーム］タブ → ［修正］パネル
>
> アイコン ➡
>
> コマンド入力 ➡ mirror[Enter]
> メニューバー ➡ ［修正］→［2D ミラー］

機　能

図形を指定した軸に対して対称に複写または対称移動します。複写後に元の図形を残すか、削除するかの選択が可能です。

1 軸を指定して対称複写する

準備図形　図のような図形を描きます。

対称軸の左側にある図形を右側に対称複写します。

❶［修正］パネル→［ミラー］コマンドをクリック。

❷ミラーする図形を選択します。

※図形が複数ある時は範囲選択をすると便利です。

❸［Enter］キーを押して図形の選択を確定します。

❹対称軸の1点目となる図の端点をクリック。

❺カーソルを移動して対称軸の2点目となる図の端点をクリック。

❻オプションの［いいえ…図形を保持します(N)］を選択し、［Enter］キーを押します。

▶左側の図形が右側に対称複写されました。

※手順❻で［はい…図を削除します(Y)］を選択すると元のオブジェクトが消えて対称移動となります。

※対称軸の指定に線分の端点を使用しています。線分がなくても2点を指定することで対称軸を指定できます。

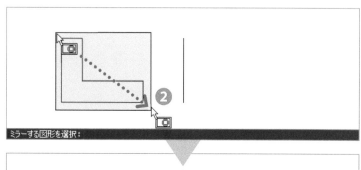

ミラーする図形を選択：

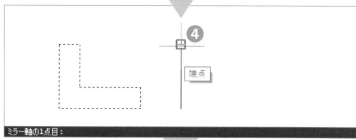

ミラー軸の1点目：

ミラー軸の終点：

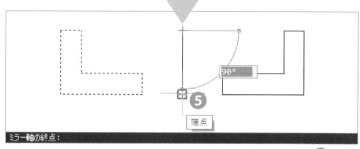

元の図形を削除しますか？ ［はい-図形を削除します（Y）/いいえ-図形を保持します（N）］ ＜(N)＞:n

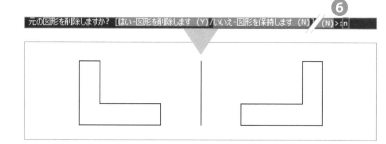

03-4 ストレッチ [stretch]

コマンド

リボン ➡ [ホーム] タブ → [修正] パネル

アイコン ➡

コマンド入力 ➡ stretch[Enter]
メニューバー ➡ [修正] → [ストレッチ]

機　能

図形の一部を伸縮します（※円・楕円・ブロック図形は伸縮できません）。

1 座標を指定して ストレッチする

準備図形　図のような図形を描きます。

❶[修正]パネル→[ストレッチ]コマンドをクリック。

❷図形のストレッチさせたい部分を選択します。

❸[Enter]キーを押して図形の選択を確定します。

※選択の範囲に完全に含まれる要素はそのまま移動し、一部が含まれる要素は移動に伴って伸縮します。

❹ストレッチの基点として図の端点をクリック。

❺X座標200を入力し,(カンマ)キーを押します。

❻Y座標0を入力し[Enter]キーを押します。

▶図形を基点から(200,0)移動した点までストレッチすることができました。

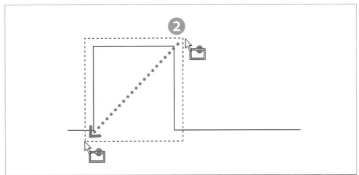

ストレッチする図形を選択 [クロス窓 (C)/クロス多角形窓 (CP)/削除 (R)/追加 (A)]:

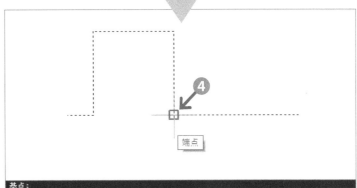

基点:

❺❻

目的点: @200,0

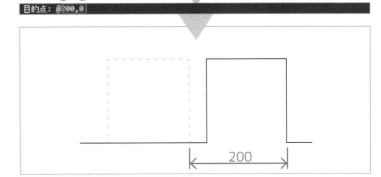

03-5 オフセット [offset]

コマンド

リボン ➡ [ホーム] タブ → [修正] パネル

アイコン ➡

コマンド入力 ➡ offset[Enter]
メニューバー ➡ [修正] → [オフセット]

機 能

元の図形に平行な線、平行な曲線、同心な円を任意の間隔で複写します。複写する図形の間隔は、任意の点の選択または数値によって指定できます。

1 指定した数値でオフセットする

準備図形　図のような図形を描きます。

φ 200

❶ [修正]パネル→[オフセット]コマンドをクリック。

❷ 50と入力して[Enter]キーを押します。

❸ オフセットする図形をクリック。

❹ 図の位置でクリック。

※ 元となる図形に対してクリックした側に50mmオフセットされます。

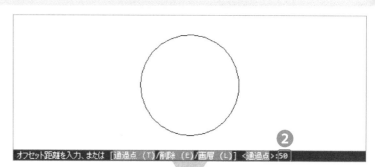

オフセット距離を入力、または [通過点（T）/削除（E）/画層（L）] ＜通過点＞:50

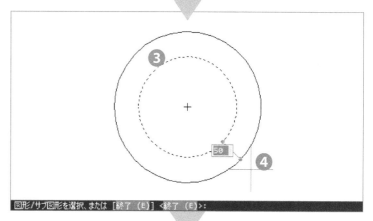

図形/サブ図形を選択、または [終了（E）] ＜終了（E）＞:

▶ オフセットすることができました。

※ オフセットコマンドは、1つのオフセットが終了すると、❸のオフセットする図形を選択する前の状態に戻ります。

　続ける場合は手順❸からの作業を繰り返します。

※ コマンドを終了するには[Enter]キーを押します。

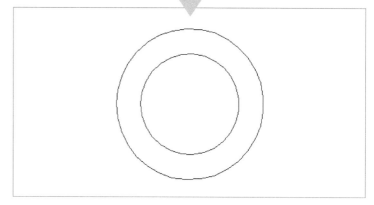

2 通過点を指定して オフセットする

準備図形　図のような図形を描きます。

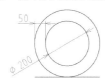

図形の点を利用してオフセットします。

❶ [修正]パネル→[オフセット]コマンドをクリック。

❷ オプションの[通過点(T)]を選択し[Enter]キーを押します。

❸ オフセットする図形をクリック。

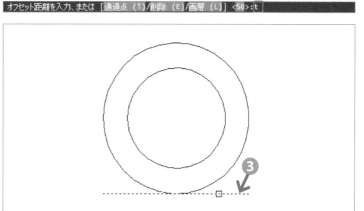

```
オフセット距離を入力、または [通過点 (T)/削除 (E)/画層 (L)] <50>:t
```
❷

❸

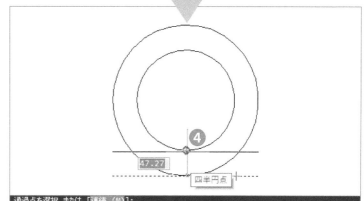

```
図形/サブ図形を選択、または [終了 (E)] <終了 (E)>:
```

❹

47.27　四半円点

❹ 円の四半円点の位置でクリック。

▶ オフセットすることができました。

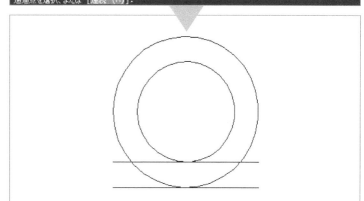

```
通過点を選択、または [連続 (M)]:
```

※「1 指定した数値でオフセットする」と同じく連続してオフセットすることができます。

※ コマンドを終了には[Enter]キーを押します。

■線分とポリラインのオフセット

線分で描かれている図形とポリラインで描かれている図形ではオフセットした時の結果が異なります。

○線分で描かれた図形のオフセット

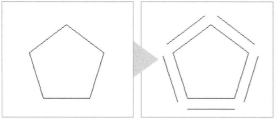

線分をオフセットすると、オフセットする図形と同じ図形がオフセットされます。

○ポリラインで描かれた図形のオフセット

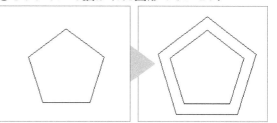

ポリラインをオフセットすると、ポリライン図形全体がオフセットされます。

03-6 長さ変更 [lengthen]

コマンド

リボン ➡ [ホーム] タブ→ [修正] パネル

アイコン ➡

コマンド入力 ➡ lengthen[Enter]
メニューバー ➡ [修正] → [長さ変更]

機　能

閉じていない図形の長さを変更します。オプションにより変更方法を指定します (※円やポリライン図形には使用できないので注意しましょう)。

1 増減の長さを指定する

準備図形　図のような図形を描きます。

線分を延長します。

❶ [修正]パネル→[長さ変更]コマンドをクリック。

❷ オプションの[増分(I)]を選択し[Enter]キーを押します。

❸ 20と入力して[Enter]キーを押します。

❹ 長さ変更をしたい図形をクリック。

※ 長さを増やしたい側の端点に近い位置をクリックすることがポイントです。

▶ 線分のクリックした側の長さを20mm延長することができました。

❺ 続けて残りの3箇所もクリックして長さを延長します。

❻ [Enter]キーを押してコマンドを終了します。

❷ 長さの編集：長さをリストする図形を選択するか、[ダイナミック (DY)/増分 (I)/パーセント (P)/合計 (T)]:

❸ 増分長さを入力、または [角度 (A)] <0>:20

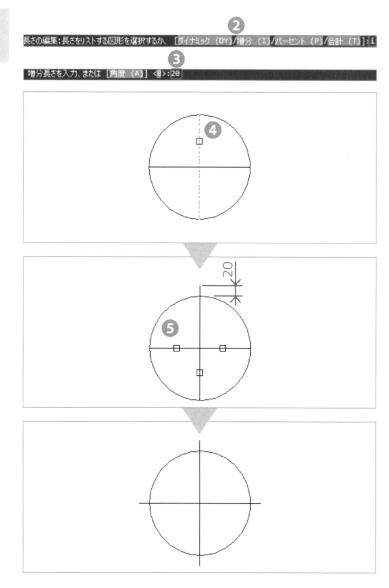

線分の長さを減らします。

❶[長さ変更]コマンドをクリック。

❷オプションの [増分 (I)] を選択し[Enter] キーを押します。

❸-50と入力して[Enter]キーを押します。

❹長さ変更をする図形をクリック。

▶線分のクリックした側の長さを50mm減らすことができました。

❺[Enter]キーを押してコマンドを終了します。

長さの編集：長さをリストする図形を選択するか、　[ダイナミック (DY)/増分 (I)/パーセント (P)/合計 (T)]：i

増分長さを入力、または [角度 (A)] <20>:-50

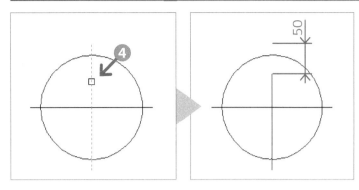

2 比率を指定する

準備図形　図のような図形を描きます。

❶[長さ変更]コマンドをクリック。

❷オプションの[パーセント(P)]を選択し[Enter]キーを押します。

❸200と入力して[Enter]キーを押します。

❹長さを変更したい図形をクリック。

▶クリックした方向に線分が延長され、元の線分の2倍の長さになりました。

❺[Enter]キーを押してコマンドを終了します。

長さの編集：長さをリストする図形を選択するか、　[ダイナミック (DY)/増分 (I)/パーセント (P)/合計 (T)]:p

長さの比率を入力 <0.000000>: 200

※ここで入力する値は比率です。200 と入力すると元の長さの 200%（2 倍）の指定になります。

3 全体の長さを指定する

準備図形　図のような図形を描きます。

❶[長さ変更]コマンドをクリック。

❷オプションの[合計(T)]を選択し[Enter]キーを押します。

❸530と入力して[Enter]キーを押します。

❹長さ変更したい図形をクリック。

▶線分のクリックした側に延長され、長さが530mmになりました。

❺[Enter]キーを押してコマンドを終了します。

長さの編集：長さをリストする図形を選択するか、　[ダイナミック (DY)/増分 (I)/パーセント (P)/合計 (T)]:t

全長を入力、または [角度 (A)] <68.42>:530

03-7 トリム [trim]

コマンド

リボン ➡ [ホーム] タブ → [修正] パネル

アイコン ➡

コマンド入力 ➡ trim[Enter]
メニューバー ➡ [修正] → [トリム]

機　能

線や円弧などの図形を境界として、図形の任意の部分を切り取る機能です。境界に指定した図形をカット図形と呼びます。

1 線に揃えて1度に複数の線をトリムする

準備図形　図のような図形を描きます。

※線分の長さは任意です。

鉛直の線分から右側をトリムします。

❶[修正]パネル→[トリム]コマンドをクリック。

❷トリムする時の境界となる図形（カット図形)を選択します。

❸[Enter]キーを押してカット図形の

選択を確定します。

❹右から左への範囲選択で図のように選択します。

※図形が複数ある時は範囲選択をすると便利です。

※緑色の枠内に一部でも入った図形がトリムされます。

❺[Enter] キーを押してコマンドを終了します。

▶不要な線分がトリムできました。

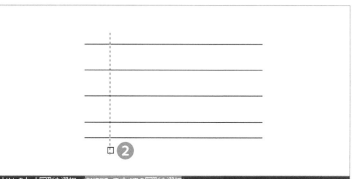

トリムのカット図形を選択 <ENTER ですべての図形を選択>：

図形を選択して トリム または Shiftキーを押しながら選択して 延長 または [フェンス (F)/交差 (C)/エッジ

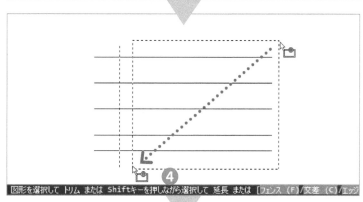

2 複数の線に揃えて トリムする

準備図形　図のような図形を描きます。

※線分の長さは任意です。

飛び出している線分をトリムします。

❶[トリム]コマンドをクリック。

❷境界となる線分を左から右への範囲選択で図のように選択します。

※3本の線分が選択されます。

❸[Enter]キーを押してカット図形の選択を確定します。

※図形が複数ある時は範囲選択をすると便利です。

❹図の線分をクリック。

❺右から左への範囲選択で図のように選択します。

▶緑色の枠内に一部でも入った線分がトリムされました。

❻図の線分をクリック。

❼[Enter]キーを押してコマンドを終了します。

▶不要な線分がトリムできました。

※トリムをする時には、必ず境界となる図形(カット図形)が必要です。ない場合は必要な位置に描いておきましょう。

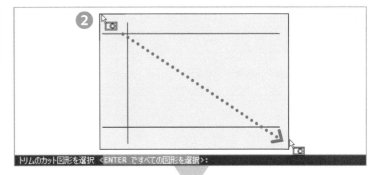

トリムのカット図形を選択　＜ENTER ですべての図形を選択＞：

図形を選択して トリム または Shiftキーを押しながら選択して 延長 または [フェンス (F)/交差 (C)/エッジ

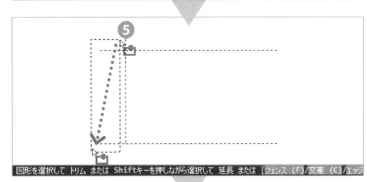

図形を選択して トリム または Shiftキーを押しながら選択して 延長 または [フェンス (F)/交差 (C)/エッジ

図形を選択して トリム または Shiftキーを押しながら選択して 延長 または [フェンス (F)/交差 (C)/エッジ

3 境界となる線を延長してトリムする

準備図形 図のような図形を描きます。

※線分の長さは任意です。

❶ [修正]パネル→[トリム]コマンドをクリック。

❷ 境界となる図形(カット図形)として図の線分を選択します。

❸ [Enter]キーを押してカット図形の選択を確定します。

❹ オプションの[エッジ(E)]を選択し[Enter]キーを押します。

❺ オプションの[延長(E)]を選択し[Enter]キーを押します。

❻ 図の線分をクリック。

❼ [Enter]キーを押してコマンドを終了します。

▶ 線分がトリムできました。

※ 境界となる線(カット図形)はトリムをする線に直接交差はしていませんが、延長して交差する点が切り取り位置になります。

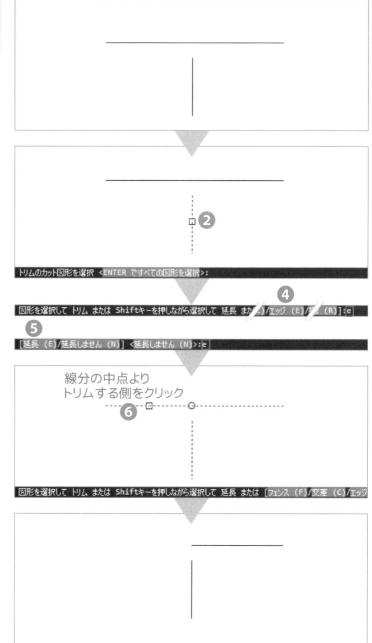

```
トリムのカット図形を選択 <ENTER ですべての図形を選択>:
```
```
図形を選択して トリム または Shiftキーを押しながら選択して 延長 または L)/エッジ (E)/放 (R)]:e
```
❹
❺
```
[延長 (E)/延長しません (N)] <延長しません (N)>:e
```

線分の中点より
トリムする側をクリック

```
図形を選択して トリム または Shiftキーを押しながら選択して 延長 または [フェンス (F)/交差 (C)/エッジ
```

■トリムと延長

[トリム]コマンドは、線を切るコマンドですが[Shift]キーを押しながら図形を選択すると、線を延長できます。[延長]コマンドの時は、[Shift]キーを押すとトリムに切替わります。

○トリムで延長

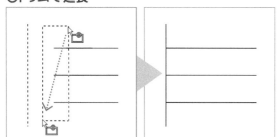

○延長でトリム

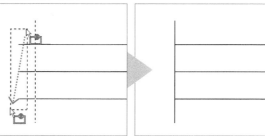

03-8 延長 [extend]

コマンド

リボン ➡ [ホーム] タブ → [修正] パネル

アイコン ➡

コマンド入力 ➡ extend[Enter]
メニューバー ➡ [修正] → [延長]

機　能

図形の端点を他の図形まで延長します。図形を延長した時にぶつかる図形を境界図形と呼びます。延長するには [境界図形] と [延長したい図形] を指定します。延長できる図形には線分だけでなく、ポリライン・円弧などが選択できます。

1 図形を延長する

準備図形　図のような図形を描きます。

※線分の長さは任意です。

- [修正]パネル→[延長]コマンドをクリック。
- 延長の境界となる図形(境界図形)を選択します。
- [Enter]キーを押して境界図形の選択を確定します。
- 延長する線分を選択します。
- 線分を延長することができました。
- [Enter]キーを押してコマンドを終了します。

2 複数の図形を同時に延長する

準備図形　図のような図形を描きます。

※線分の長さは任意です。

- [延長]コマンドをクリックします。
- 延長の境界となる図形(境界図形)を選択します。
- [Enter]キーを押して境界図形の選択を確定します。
- 延長する側に寄った位置を範囲選択します。
- 複数の線分を同時に延長することができました。
- [Enter]キーを押してコマンドを終了します。

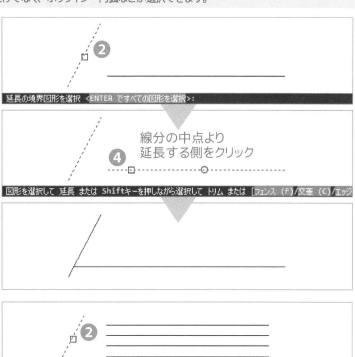

線分の中点より
延長する側をクリック

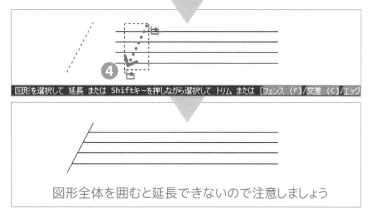

図形全体を囲むと延長できないので注意しましょう

03-9 配列 [array]

リボン ➡ [ホーム] タブ → [修正] パネル

アイコン ➡

コマンド入力 ➡ array[Enter]/arrayrect[Enter]/arraypolay[Enter]
メニューバー ➡ [修正] → [配列] → [配列ダイアログボックス][2D 配列]
[3D 配列][矩形配列][パス配列][円形配列][配列を編集]

機　能

矩形状・円形状に、指定した間隔や個数で複数の図形をコピーして配置します。

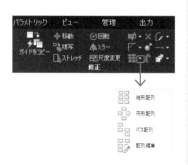

1 矩形配列

準備図形　図のような図形を描きます。

```
        100
    ┌─────────┐
100 │         │
    │         │
    └─────────┘
```

❶[修正]パネル→[矩形配列]コマンドをクリック。

❷図形を選択し [Enter] キーを押します。

※配列複写の条件を設定します。

❸オプションの[列(COL)]を選択し[Enter]キーを押します。

❹列数を 3 と入力して [Enter] キーを押します。

▶[Enter]キーを押すごとにプレビュー画面の表示が変わります。

❺柱 間 の 距 離 を **120** と 入 力 して [Enter] キーを押します。

❻オプションの [行 (R)] を選択し、[Enter] キーを押します。

❼行数を 2 と入力し [Enter] キーを押します。

❽行間距離を **140** と入力し [Enter] キーを押します。

※図形の中心点からつぎの図形の中心点までの X の距離 (柱間の距離)、Y の距離 (行間距離) を指示します。

❾この結果でよければ [Enter] キーを押します。

※修 正 を 加えたい 場合は [Enter] キーを押す前に変更を行います。

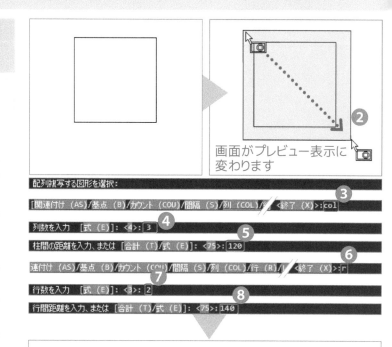

画面がプレビュー表示に変わります

配列複写する図形を選択:

[関連付け (AS)/基点 (B)/カウント (COU)/間隔 (S)/列 (COL)/行// <終了 (X)>:col ❸

列数を入力　[式(E)]: <4>: 3 ❹

柱間の距離を入力、または [合計 (T)/式 (E)]: <75>: 120 ❺

連付け (AS)/基点 (B)/カウント (COU)/間隔 (S)/列 (COL)/行 (R)// <終了 (X)>:r ❻

行数を入力　[式 (E)]: <3>: 2 ❼

行間距離を入力、または [合計 (T)/式 (E)]: <75>: 140 ❽

2 円形配列

準備図形 図のような図形を描きます。

※長方形コマンドで一辺が50mmの正
　方形を描きます(わかりやすくする
　ために直径250mmの円を描いてい
　ます)。

❶[修正]パネル→[矩形配列]コマン
　ドの▼をクリック。

❷[円形配列]コマンドをクリック。

❸配列複写を行いたい図形を選択し
　[Enter]キーを押します。

❹配列の中心となる点をクリック。

▶画面がプレビュー表示に変わりま
　す。

※配列複写の条件を設定します。

❺オプションの[アイテム(I)]を選択
　し[Enter]キーを押します。

❻配列のアイテム数を8と入力し
　[Enter]キーを押します。

▶複写図形が円形に配置されたプレ
　ビューが表示されます。

❼この結果でよければ[Enter]キー
　を押します。

※修正を加えたい場合は[Enter]
　キーを押す前に変更を行います。

※図のように円周上に図形を回転さ
　せながら、等間隔で8箇所に配列
　複写されます。

※複写の回転方向は通常反時計回り
　で設定されています。

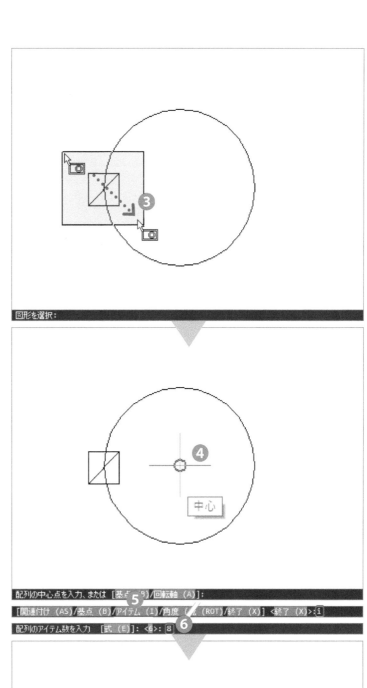

図形を選択:

配列の中心点を入力、または [基点 (B)/回転軸 (A)]:

[関連付け (AS)/基点 (B)/アイテム (I)/角度 (X (ROT)/終了 (X)] <終了 (X)>:❺

配列のアイテム数を入力 [式 (E)]: <6>: ❻8

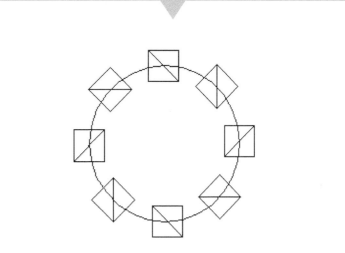

03-10 フィレット [fillet]

コマンド

リボン ➡ [ホーム] タブ→ [修正] パネル

アイコン ➡

コマンド入力 ➡ fillet[Enter]
メニューバー ➡ [修正] → [フィレット]

機　能

図形の角を丸める機能です。オプションを利用すると、[ポリライン全体の角をまとめて切り落とす (ポリライン)][角を切り落とす前の線を残す (トリム)][連続して処理を行う (連続)] などが選択できます。

1 半径を指定して角を丸くする

準備図形　図のような図形を描きます。

❶[修正]パネル →[面取り]コマンドの▼をクリック。

❷[フィレット]コマンドをクリック。

❸オプションの[半径(R)]を選択し[Enter]キーを押します。

❹40と入力し[Enter]キーを押します。

❺図の線分をクリック。

▶角が丸くなりました。

2 連続して複数箇所の角を丸くする

準備図形 つぎの図形を線分コマンドで描きます。

❶[面取り]コマンドの▼をクリック。

❷[フィレット]コマンドをクリック。

❸オプションの[半径(R)]を選択し[Enter]キーを押します。

❹40と入力し[Enter]キーを押します。

❸ フィレット（半径=40）：　最初の図形を選択、または [フ●●P)/半径（R)/●●（U)/連続（M)]：r

❹ フィレット半径 <40>：40

フィレット（半径=40）：　最初の図形を選択、または [フィレット設定...（S)/ポリライン（P)/半径（R)/トリ

2番目の図形を選択（コーナーを作成するには 同時にSHIFTキーを押してください)：

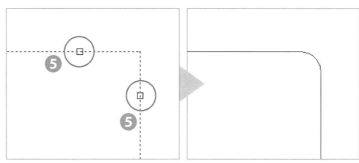

❸ フィレット（半径=40）：　最初の図形を選択、または [フ●●P)/半径（R)/●●（U)/連続（M)]：r

❹ フィレット半径 <40>：40

❺ フィレット（半径=40）：　最初の図形を選択、または [●●/トリム（T)/元に戻す（U)/連続（M)]：m

フィレット（半径=40）：　最初の図形を選択、または [フィレット設定...（S)/ポリライン（P)/半径（R)/トリ

2番目の図形を選択（コーナーを作成するには 同時にSHIFTキーを押してください)：

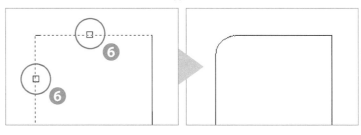

⑤オプションの [連続 (M)] を選択し
[Enter] キーを押します。

⑥図の線分をクリック。

▶角が丸くなりました。

⑦続けて角を丸くする線分を選択し
ます。

▶指定した数値で連続して行うこと
ができます。

※コマンドを終了するには[Enter]
キーを押します。

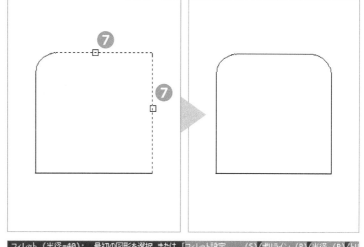

フィレット（半径=40）：　最初の図形を選択、または [フィレット設定...（S)/ポリライン（P)/半径（R)/ト

2番目の図形を選択《コーナーを作成するには 同時にSHIFTキーを押してください）：

3 角を閉じる

準備図形　図のような図形を描きます。

※準備図形を長方形コマンドで作図
した場合は分解しておきます。

①[修正]パネル→[面取り]コマンド
の▼をクリック。

②[フィレット]コマンドをクリック。

③図の線分をクリック。

④2番目は[Shift]キーを押しなが
ら、図の線分をクリック。

▶Rが付いている角の線を延長し角を
閉じることができました。

※円弧は独立した図形です。不要な
場合は削除できます。

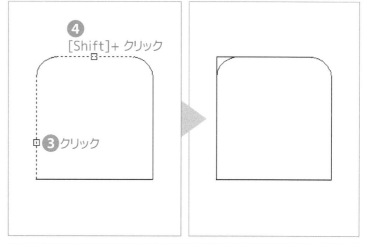

フィレット（半径=40）：　最初の図形を選択、または [フィレット設定...（S)/ポリライン（P)/半径（R)/ト

2番目の図形を選択《コーナーを作成するには 同時にSHIFTキーを押してください）：

■フィレット・面取りコマンドで角を作る

[フィレット]/[面取り]コマンドは角に
丸みを付けたり、角を斜めに処理す
るコマンドです。
[Shift]キーを押しながら線分を選
択すると、線分を延長、もしくはトリ
ムをして角を作成します。

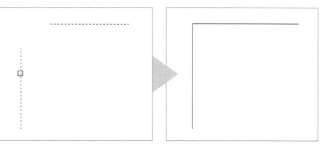

2番目の図形を選択《コーナーを作成するには 同時にSHIFTキーを押してください）：

[フィレット]/[面取り]コマンドを実行後、2本目の線を選択
する時に、[Shift]キーを押しながらクリックします。

03-11 面取り [chamfer]

Chapter 3

コマンド

リボン ➡ [ホーム] タブ→ [修正] パネル

アイコン ➡

コマンド入力 ➡ chamfer[Enter]
メニューバー ➡ [修正] → [面取り]

機　能

図形の角を斜めに処理する機能です。[フィレット] コマンドと同様のオプションが選択できます。

1 角に指定した数値で面取りする

準備図形　図のような図形を描きます。

❶[面取り]コマンドをクリック。

❷オプションの[距離(D)]を選択し[Enter]キーを押します。

❸40と入力し[Enter]キーを押します。

❹1点目で入力した数値と同じ数値でよければ[Enter]キーを押します。

❺図の線をクリック。

▶角を面取りできました。

2 角度を指定して面取りする

準備図形　図のような図形を描きます。

❶[面取り]コマンドをクリック。

❷オプションの[角度(A)]を選択し[Enter]キーを押します。

❸40と入力し[Enter]キーを押します。

❹60と入力し[Enter]キーを押します。

❺ⓐ、ⓑの順序でクリック。

▶角を距離40角度60°で面取りできました。

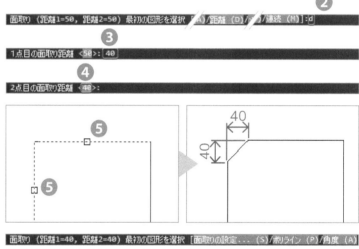

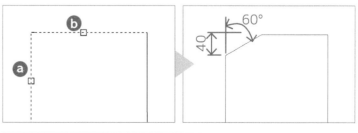

寸法

BricsCAD

01

寸法を記入する

Chapter3で描いたガイドブッシュの図形に寸法を記入します。

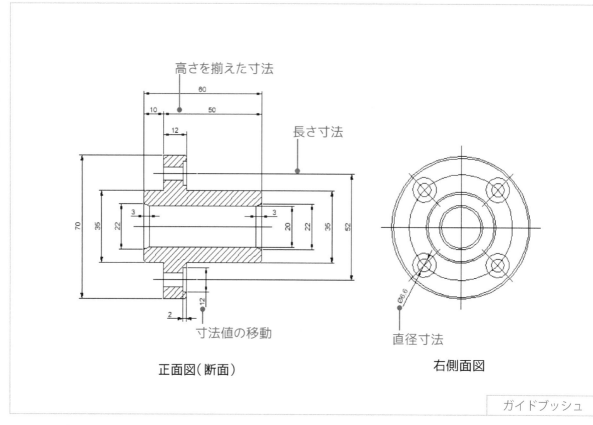

正面図（断面）　　　　　　　　　　右側面図

ガイドブッシュ

作図ナビ

| 1 図形を移動する | 2 長さ寸法を記入する | 3 高さを揃えて寸法を記入する |

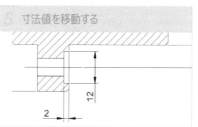

| 4 直径寸法を記入する | 5 寸法値を移動する |

1 図形を移動する

寸法を配置するスペースを作るため、正面図を移動します。

※[ガイドブッシュ.dwg]を開きます。ファイルを開いている場合は、そのまま手順❹へお進みください。

❶[ツールバー]の[開く]をクリック。

❷[作図演習]フォルダの[ガイドブッシュ.dwg]を選択します。

❸[開く]をクリック。

▶[ガイドブッシュ.dwg]が開きました。

正面図の移動位置を示す線分を作成します。

❹[ホーム]タブ→[修正]パネル→[オフセット]コマンドをクリック。

❺オフセット距離を**100**と入力し[Enter]キーを押します。

❻オフセットの基準として図の線分をクリック。

❼左方向にカーソルを移動してクリック。

❽[Enter]キーを押してコマンドを終了します。

※Chapter3で作図した位置によっては、右図と配置が異なる場合があります。

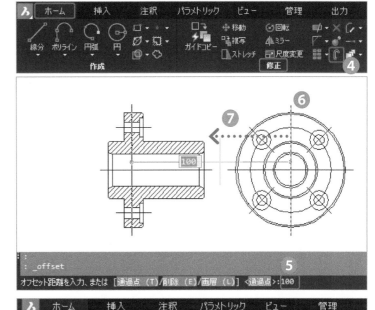

正面図をオフセットで描いた線分の位置まで移動します。

❾[修正]パネル→[移動]コマンドをクリック。

❿移動する図形に正面図を選択し[Enter]キーを押して選択を確定します。

⓫移動基点に図の中点をクリック。

⓬オフセットで描いた線分までカーソルを移動し[垂線]マーカーが表示された状態でクリック。

▶正面図が移動できました。

⓭オフセットで描いた線分を削除します。

▶寸法を配置するスペースができました。

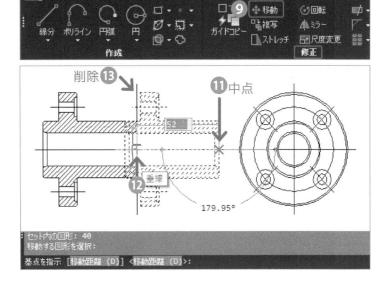

2 長さ寸法を記入する

寸法記入箇所

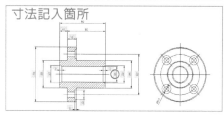

長さ寸法を記入します。

❶ [注釈]タブをクリック。

❷ [寸法記入]パネル→[長さ寸法] コマンドをクリック。

※ ハッチングの線分の端点をスナッ プしないように注意します。

❸ 図の[端点]マーカーが表示された 状態でクリック。

❹ 図の[端点]マーカーが表示された 状態でクリック。

❺ カーソルを移動し図の位置でクリッ ク。

▶ 長さ寸法を記入できました。

❻ 同様の手順で図のように寸法を記 入します。

※ [長さ寸法]コマンドは1回使用 するとコマンドが終了します。繰り 返し[長さ寸法]コマンドを使用 する時には[Enter]キーを使用す ると便利です。

3 高さを揃えて 寸法を記入する

寸法記入箇所

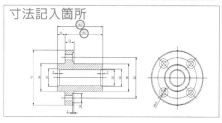

配置してある寸法の位置の高さを 揃えて寸法を記入します。

❶ [長さ寸法]コマンドをクリック。

❷ 図の端点をクリックし寸法を引き出 します。

❸ 寸法が表示されたままカーソルを 揃えたい寸法の図の位置に移動し ます。

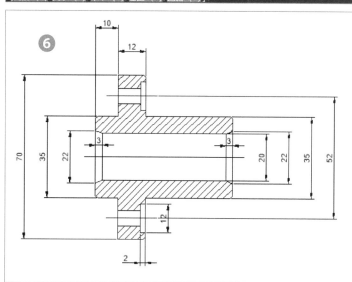

1番目の寸法補助線の原点 〈図形を選択〉：

2番目の寸法補助線の基点：

[角度（A）/文字（T）/水平（H）/垂直（V）/回転（R）]：

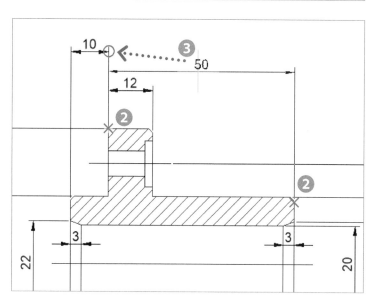

④[点]もしくは[端点]マーカーが表示された状態でクリック。

▶高さを揃えて寸法が記入できました。

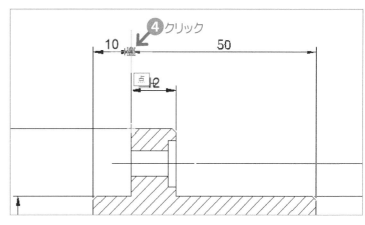

⑤[長さ寸法]コマンドで図の寸法を記入します。

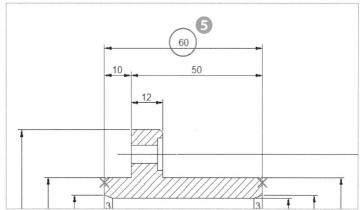

4 直径寸法を記入する

寸法記入箇所

円に直径の寸法を記入します。

①[寸法記入]パネル→[角度寸法]コマンドの▼をクリック。

②[直径寸法]コマンドをクリック。

③図の円をクリック。

※円形配列コマンドで複写した図形のため、ザグリ穴の図形全体が破線の表示になります。

④図の位置でクリック。

▶直径寸法が記入できました。

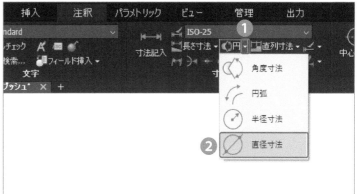

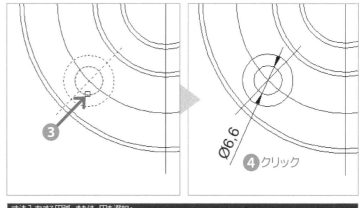

寸法入力する円弧、または、円を選択：

寸法線の位置 [角度 (A)/文字 (T)]：

5 寸法値を移動する

寸法記入箇所

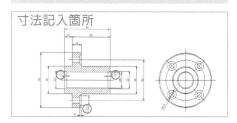

寸法の値が図形と重ならないように移動します。

❶図の寸法をクリック。

❷図の寸法文字部のグリップをクリック。

※カーソルを移動すると寸法がカーソルに付いて動きます。

❸図の位置でクリック。

❹[Esc]キーを押して選択を解除します。

▶寸法値が移動できました。

❺同様の手順で図の寸法値も移動します。

❻[ガイドブッシュ.dwg]を上書き保存します。

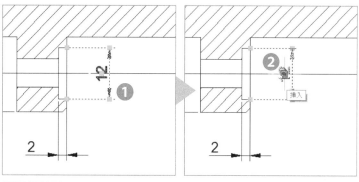

新しい点を入力 [基点（B）/コピー（C）/元に戻す（U）/終了（X）]:

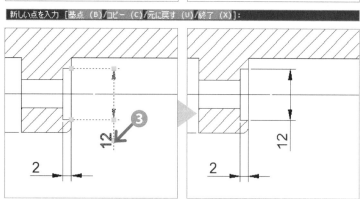

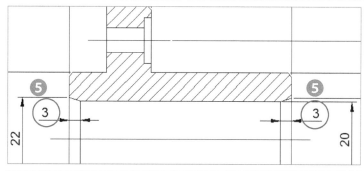

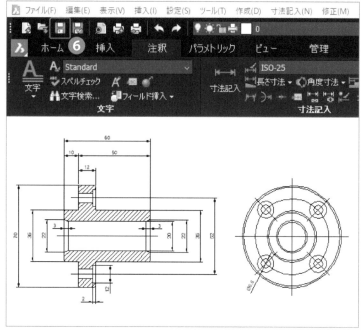

02

寸法コマンド

02-1

 寸法コマンド　長さ寸法 / 直径寸法 / 半径寸法 / 平行寸法
回転寸法 / 角度寸法 / 直列寸法 / 並列寸法

トレーニングファイル
BricsCAD_trainingdata フォルダ
→トレーニングフォルダ
→寸法コマンド練習 .dwg

コマンド

リボン ➡ [ホーム] タブ→ [注釈] パネル→ [長さ寸法]
▼ [平行寸法][回転寸法][角度寸法][半径寸法]
[直径寸法][並列寸法][直列寸法]

アイコン ➡

コマンド入力 ➡ dimLinear/dimaligned/dimangular/dimradius/dimdiameter/
dimbaseline/dimcontinue[Enter]

メニューバー ➡ [寸法記入]→[長さ寸法][平行寸法][半径寸法][直径寸法]
[角度寸法][並列寸法][直列寸法]

機　能

寸法を記入します。

寸法コマンドの操作練習はトレーニングファイル[寸法コマンド練習.dwg]をご使用ください。

1　長さの寸法を記入する

 長さ寸法

※[寸法コマンド演習.dwg]を開きます。

❶[ホーム]タブ→[注釈]パネル→[長さ寸法]コマンドをクリック。

❷図の[端点]マーカーが表示された状態でクリック。

❸続けて図の[端点]マーカーが表示された状態でクリック。

▶寸法が現れます。

ここでは[ホーム]タブ→[注釈]パネルを使います。

[注釈]タブ→[寸法記入]パネルにも同様のコマンドが用意されています。

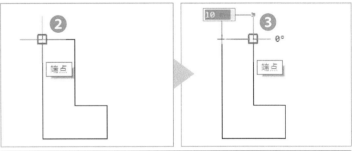

1番目の寸法補助線の原点 <図形を選択>：

2番目の寸法補助線の基点：

[角度（A）/文字（T）/水平（H）/垂直（V）/回転（R）]：

❹カーソルを移動して任意の位置でクリック。

▶長さ寸法が配置できました。

❺[Enter]キーを押すと、再び寸法コマンドになります。❷〜❹と同様の手順で図の寸法を記入してみましょう。

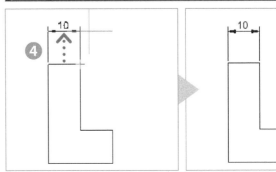

寸法値の間隔を指定して記入する。

❶ [長さ寸法]コマンドをクリック。

❷ 図の端点をクリック。

❸ 図の端点をクリック。

※カーソルに寸法が付いてきます。

❹ 図の位置にカーソルを移動して寸法矢印の先端をポイントします。

※図形スナップマーカーは端点もしくは点が表示されます。

❺ 図の位置にカーソルを移動して仮想線に合わせます。

❻ 10と入力し、[Enter]キーを押します。

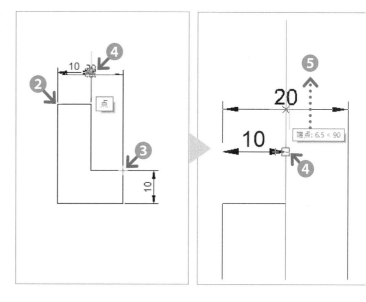

▶ 1つ目の寸法から10mmの間隔で2つ目の寸法が配置できました。

❼ [Enter]キーを押すと再び寸法コマンドになります。**❷**〜**❻**と同様の手順で図の寸法を記入してみましょう。

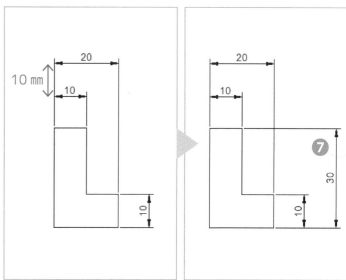

2 直径寸法を記入する

 直径寸法

❶ [直径寸法]コマンドをクリック。

❷ 図の円をクリック。

❸ カーソルを移動してクリック。

▶ 直径寸法が配置できました。

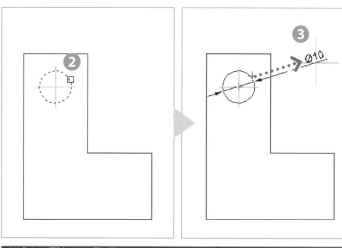

寸法入力する円弧、または、円を選択：

寸法線の位置　[角度（A）/文字（T）]：

3 半径寸法を記入する

半径寸法

● [半径寸法]コマンドをクリック。

● 図の円弧をクリック。

● カーソルを移動してクリック。

▶ 半径寸法が配置できました。

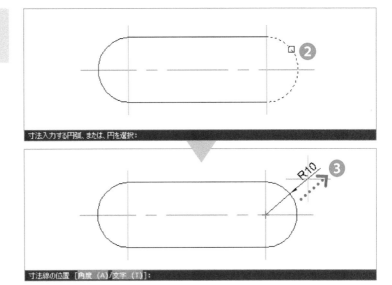

寸法入力する円弧、または、円を選択：

寸法線の位置　[角度（A）/文字（T）]：

4 平行寸法を記入する

平行寸法

● [平行寸法]コマンドをクリック。

● 図の[端点]マーカーが表示された状態でクリック。

● 続けて図の[端点]マーカーが表示された状態でクリック。

※ スナップした端点を結ぶ寸法が現れます。

● カーソルを移動してクリック。

▶ 平行寸法が配置できました。

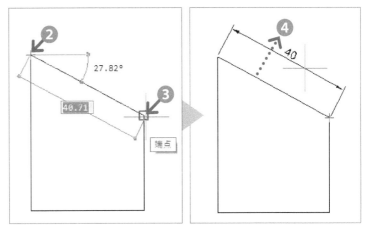

1番目の寸法補助線の原点 <図形を選択>：

2番目の寸法補助線の基点：

寸法線の位置　[角度（A）/文字（T）]：

5 回転寸法を記入する

回転寸法

長さ寸法をとりたい2つの基点が同一直線上にない場合の傾いた寸法を入れます。

● [回転寸法]コマンドをクリック。

● 円の中心をクリック。

● もう一方の円の中心をクリック。

※ 参照したい角度を決める要素を指定します。

● 改めて1つ目の円の中心をクリック。

1番目の寸法補助線の原点 <図形を選択>：

2番目の寸法補助線の基点：

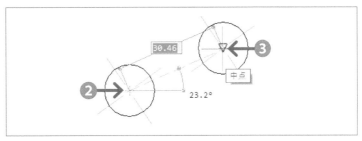

寸法線の角度 <0.0>：

❺図の[垂線]マーカーが表示された状態でクリック。

▶角度の指定ができました。

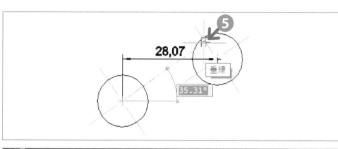

❻カーソルを移動してクリック。

`2点目：`

▶回転寸法が配置できました。

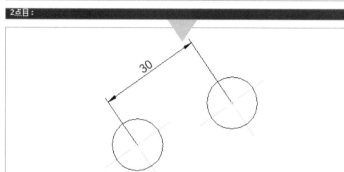

`[角度（A）/文字（T）/水平（H）/垂直（V）/回転（R）]：`

■平行寸法と回転寸法の違い

平行寸法と回転寸法では、同様の箇所をスナップして寸法配置をした場合、右図のような違いがあります。平行寸法はスナップした2点間を結ぶ直線に対して平行な寸法です。
また、回転寸法はスナップした箇所を参照した角度に対して回転配置した寸法です。

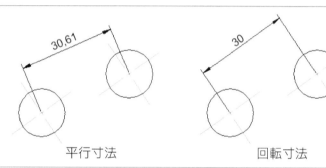

平行寸法　　　　　　　回転寸法

6 角度寸法を記入する

角度寸法

❶[角度寸法]コマンドをクリック。

❷図の線分をクリック。

❸続けて図の線分をクリック。

▶2線の成す角度寸法の表示になります。

❹カーソルを移動してクリック。

▶角度寸法が配置できました。

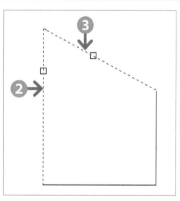

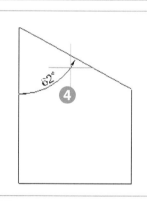

`線分、円弧、円を選択 <角度を指定する場合は ENTERを押す>：`

`角度寸法のもう一方の線：`

`円弧寸法の位置 [角度（A）/文字（T）]：`

■角度寸法の寸法配置

角度寸法は寸法配置する際にカーソルの位置で角度の表示が変わります。
表記したい角度表示の状態でクリックして寸法を配置します。

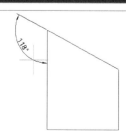

7　直列寸法を記入する

❶[長さ寸法]コマンドで、図のように
　寸法を記入します。

※この時、ⓐ、ⓑの順序でクリックして
　寸法を配置します。

　ⓑがつぎに入れる直列寸法の始
　点となります。

❷[直列寸法]コマンドをクリック。

▶カーソルを図の方向に移動すると
　手順❶の寸法に対して直列寸法
　が現れます。

❸図の端点をクリック。

❹続けて図の端点をクリック。

❺続けて図の端点をクリック。

❻[Enter]キーを押して、コマンドを
　終了します。

▶直列寸法が配置できました。

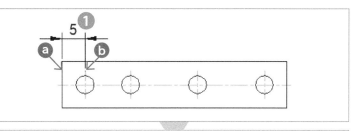

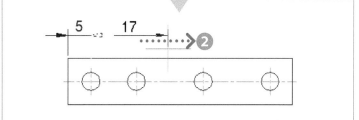

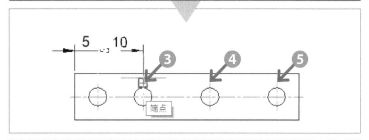

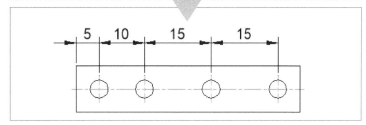

8　並列寸法を記入する

❶[長さ寸法]コマンドで、図のように
　寸法を記入します。

※この時、ⓐ、ⓑの順序でクリックして
　寸法を配置します。

　ⓐがつぎに入れる並列寸法の始
　点となります。

❷[並列寸法]コマンドをクリック。

▶カーソルを図の方向に移動すると
　手順❶の寸法に対して並列寸法が
　現れます。

※❶でⓐ、ⓑの順序を逆にクリックし
　ていると、正しい並列寸法になりま
　せん(始点の変更方法は次ページ
　参照)。

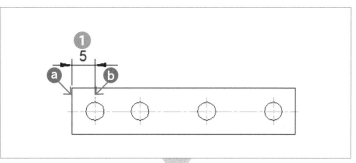

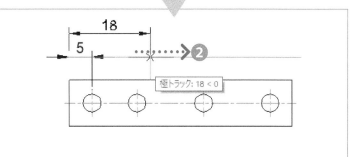

❸図の端点をクリック。

❹続けて図の端点をクリック。

❺続けて図の端点をクリック。

❻[Enter]キーを押して、コマンドを終了します。

▶並列寸法が配置できました。

※並列寸法の間隔は、寸法スタイルで設定できます（設定方法はP120参照）。

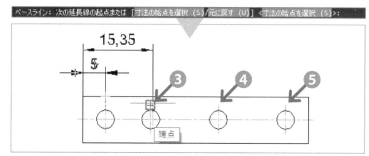

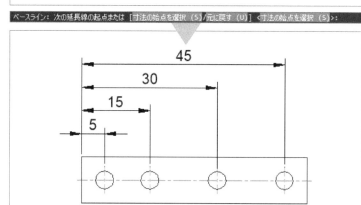

■直列寸法、並列寸法の始点

直列寸法、並列寸法は基準となる寸法を入れてから使用するコマンドです。
基準となる寸法を入れる際のクリックの順序で入り方が異なります。

○並列寸法の例

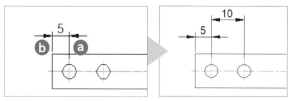

❶❷の順にクリックして基準の寸法を配置すると、並列寸法の始点は❶となり、正しく入りません。

○寸法の始点の変更方法

［並列寸法］コマンド実行後、オプションの［寸法の始点を選択(S)］を選択して始点の位置となる寸法補助線を指定します。また直列寸法でも同様に始点を変更できます。

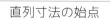

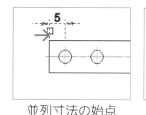

並列寸法の始点　　　　直列寸法の始点

■寸法記入コマンド

［寸法記入］コマンドは、オプションを選ぶことによりさまざまな寸法を記入することができる便利なコマンドです。
［長さ寸法］コマンドや［角度寸法］コマンドなどとは異なり、コマンドが1回で終了せず継続するため連続して寸法を記入できます。

○寸法記入コマンドのオプション

寸法コマンド［水平（HOR）/垂直（VE）/両端揃え（AL）/角度（AN）/引出線（L）/ティック（OB）/回転（RO）/
中心（CE）/直径（D）/半径（RA）/ベースライン（B）/続行（CO）/座標（OR）/位置（P）/分配（DIS）/寸法
寸法を更新（UP）/変数の状態（ST）/上書き（OV）/設定...（SE）/画層（LA）］：

○寸法記入コマンドでの長さ寸法の記入例

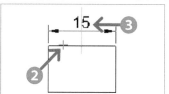

❶［寸法記入］コマンドをクリック。

❷図の線分をクリック。

❸図の位置でクリック。

▶長さ寸法が配置できました。

ブロック

BricsCAD

01

▶ Chapter5 ブロック

ブロックの作成と登録

Chapter 5

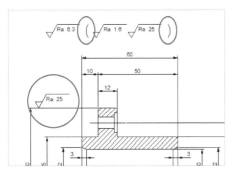

ブロックはよく使用する図形や文字・記号を1つのかたまりにして登録できる機能です。ブロック登録した図形は、同じファイルまたは、他のファイルに読込むことができるため作図の手間を減らせるメリットがあります。

ブロックの図形に付随する文字には情報(属性)を付加して登録ができます。文字に情報を付けることを「属性定義」といいます。

作成するブロック

表面性状	バルーン	括弧	括弧閉じる
√ Ra 1.6	①	(	)

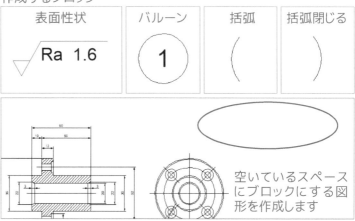

空いているスペースにブロックにする図形を作成します

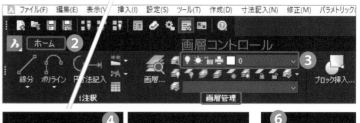

ブロックにする図形を作成する

ブロックにする図形を作成します。

❶[デスクトップ]→[作図演習]フォルダ→[ガイドブッシュ.dwg]を開きます。

❷[ホーム]タブをクリック。

❸[画層管理]パネルの[画層コントロール]の画層が[0]になっていることを確認します。

※画層[0]以外の場合は∨をクリックして[0]を選択します。

❹[プロパティ管理]パネル→[色のコントロール]の∨をクリックし

❺[ByBlock]を選択します。

❻同様に[線の太さのコントロール][線種のコントロール]を[ByBlock]に設定します。

※ByLayer、ByBlockについてはP118参照。

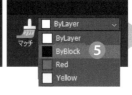

表面性状の記号を作図します。

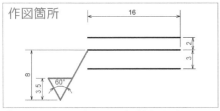

❼図のような線分を3本描きます。

❽[作成]パネル→[線分]コマンドを実行し図の端点をクリック。

線分の長さは後の作業で指定の長さ16mmに編集します。ここでは20mm程度の長さで描きます。

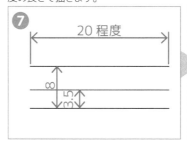

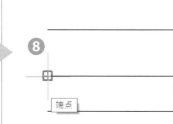

⑨図の方向にカーソルを移動して[Tab]キーを押します。

⑩60と入力し、再び[Tab]キーを押します。

入力フィールドが長さに変わります。

⑪図の交点をクリック。

⑫図の方向にカーソルを移動して[Tab]キーを押します。

⑬60と入力し、[Tab]キーを押します。

⑭図の交点をクリック。

⑮[Enter]キーを押してコマンドを終了します。

⑯図の不要な線をトリムまたは削除します。

⑰[修正]パネル→[長さ変更]コマンドをクリック。

⑱オプションの[合計(T)]を選択し[Enter]キーを押します。

⑲16と入力し[Enter]キーを押します。

⑳図の位置でクリック。

文字を配置するための補助線を描きます。

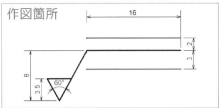

作図箇所

㉑[オフセット]コマンドで線分を描きます。

▶表面性状の記号が描けました。

バルーン・括弧・括弧閉じる、の図形を描きます。

㉒バルーンの図形を描きます。

・直径10mmの円。

㉓括弧と括弧閉じるを描きます。

・直径12㎜の円と円の中心を通る水平な線分を描きます。

・線分を上下に4㎜オフセットします。

・[トリム]コマンドで不要な部分をカットし、トリムに使用した線分を[Delete]キーで削除します。

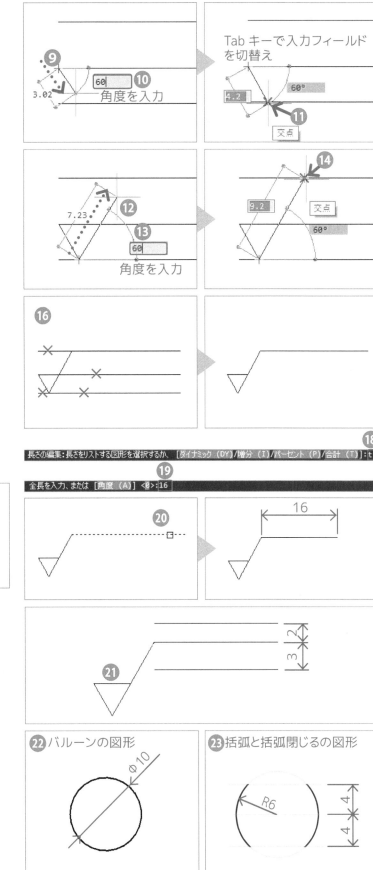

2 ブロックの文字に属性定義をする

表面性状

√ Ra 1.6

[粗さ]の属性定義をします。

❶[ホーム]タブをクリック。

❷[ブロック]パネル→[属性定義]コマンドをクリック。

❸[属性定義]ダイアログが表示されます。

❹属性の名称に**粗さ**と入力します。

❺プロンプトに**粗さの値を入力してください。**と入力します。

※プロンプトは[コマンドバー]に表示されるメッセージ文です。

❻デフォルトに**Ra 1.6**と入力します。

※Raと1.6の間は、半角スペース2個分空けます。

❼位置合わせに[左中]を選択します。

❽[異尺度対応]にチェックを入れます。

❾高さに**3**と入力します。

❿座標を挿入の図の位置をクリック。

※文字を挿入できる状態になります。

⓫図の端点をクリック。

⓬[OK]をクリック。

▶属性を持った文字が配置できました。

[加工]の属性定義をします。

※[Enter]キーを押して再び[属性定義]コマンドを実行します。

⓭属性の名称を**加工**と入力します。

⓮プロンプトに**加工方法を入力してください。**と入力します。

⓯デフォルトの値は削除します。

⓰位置合わせに[左中]を選択します。

⓱[異尺度対応]にチェックを入れます。

⓲座標を挿入の図の位置をクリック。

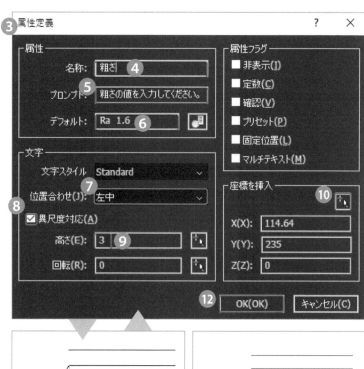

❹で入力した名称が入ります

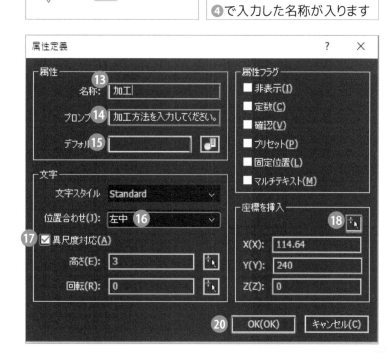

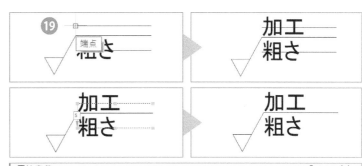

※文字を挿入できる状態になります。

⑲ 図の端点をクリック。

⑳ [OK]をクリック。

▶属性を持った文字が配置できました。

※文字を挿入するための基点に利用した線分は削除します。

バルーン

[照合番号] の属性定義をします。

※表面性状 [粗さ] の属性定義と同様の手順で、[属性定義] ダイアログの設定をします。

名称：**照合番号**

プロンプト：**照合番号を入力してください。**

デフォルト：**1**

位置合わせ：中中

文字高さ：**3.5**

座標を挿入：円の中心をクリック。

▶属性を持った文字が配置できました。

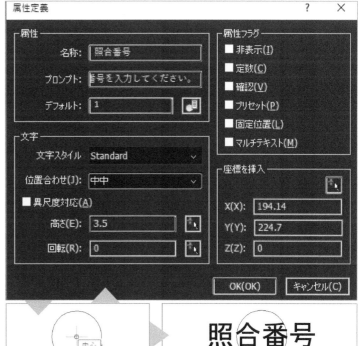

3 ブロックを作成する

[表面性状]ブロックを作成します。

❶ [ホーム]タブをクリック。

❷ [ブロック]パネル→[ブロック作成]コマンドをクリック。

❸ [ブロック定義]ダイアログが表示されます。

❹ 名前に**表面性状**と入力します。

❺ [ピックポイント]をクリック。

❻ [端点]マーカーが表示される図の点を指定します。

❼ [図形を選択]をクリック。

❽ 図形と文字を選択し[Enter]キーを押して選択確定します。

❾ [ブロックへ変換]にチェック。

❿ [異尺度対応]にチェック。

⓫ [レイアウトへのブロック適応]のチェックが外れていることを確認します。

⓬ [OK]をクリック。

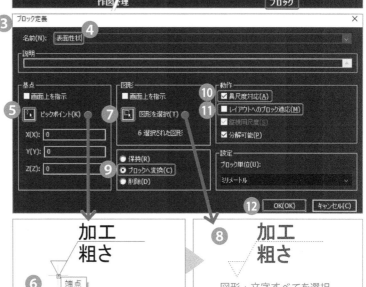

図形・文字すべてを選択

⑬[属性編集]ダイアログが表示されます。

※加工方法や粗さの値を変更できます。

⑭[OK]をクリック。

▶[表面性状]ブロックができました。

※カーソルでブロックをポイントすると1つのかたまりになっていることがわかります。

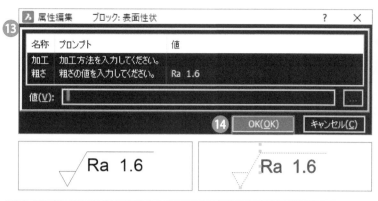

[照合番号]ブロックを作成します。

⑮[ブロック作成]コマンドをクリック。

⑯[ブロック定義]ダイアログが表示されます。

⑰名前に**バルーン**と入力します。

⑱[ピックポイント]に[挿入]マーカーが表示される図の点を指定します。

⑲[図形を選択]をクリックし、図形と文字を選択して[Enter]キーを押して選択を確定します。

⑳[ブロックへ変換]にチェック。

㉑[異尺度対応]のチェックを外します。

㉒[レイアウトへのブロック適応]のチェックが外れていることを確認します。

㉓[OK]をクリック。

㉔[属性編集]ダイアログが表示されます。

※照合番号の値を変更できます。

㉕[OK]をクリック。

▶[照合番号]ブロックができました。

[括弧][括弧閉じる]ブロックを作成します。

㉖[ブロック作成]コマンドをクリック。

㉗[ブロック定義]を図のように、以下の内容で設定します。

名前：**括弧**

ピックポイント：図の端点を指定。

図形を選択：円弧を選択し[Enter]キーを押して選択を確定する。

ブロックへ変換：チェックを入れる。

異尺度対応：チェックを入れる。

レイアウトへのブロック適応：チェックが外れていることを確認する。

㉘[OK]をクリック。

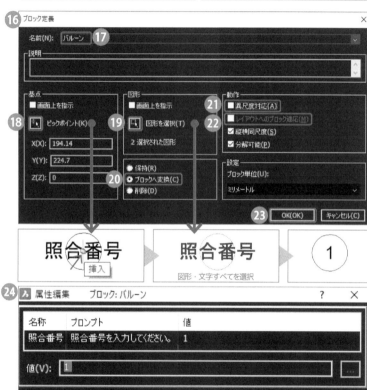

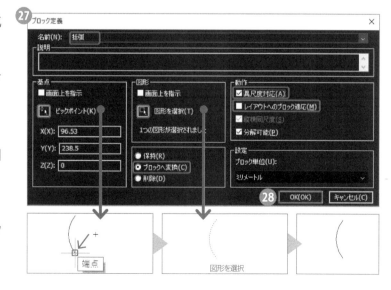

㉙ [括弧]と同様の手順で[括弧閉じる]ブロックを作成します。

名前：括弧閉じる

ピックポイント：図の端点を指定。

図形を選択：円弧を選択し[Enter]キーを押して選択を確定する。

ブロックへ変換：チェックを入れる。

異尺度対応：チェックを入れる。

レイアウトへのブロック適応：チェックが外れていることを確認する。

㉚ [OK]をクリック。

▶ [括弧] [括弧閉じる]ブロックができました。

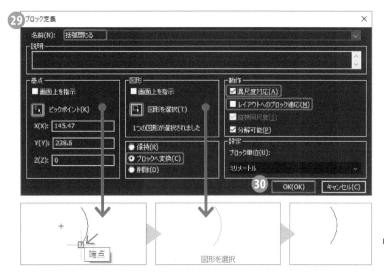

Chapter 5

4 ブロック設定の確認をする

ファイルに付随するブロックを確認します。

❶ [ブロック]パネル→[ブロックを編集]コマンドの▼をクリック。

❷ [ブロック設定]コマンドをクリック。

❸ [図面エクスプローラ]が表示されます。

❹ 作成した4種のブロックの有無、異尺度対応を確認をします。

バルーン：異尺度対応なし

括弧：異尺度対応

括弧閉じる：異尺度対応

表面性状：異尺度対応

※ 異尺度対応のマークです。

図のマークをクリックすると変更できます。

❺ [×]閉じるをクリックして[図面エクスプローラ]を閉じます。

└ ※クリックで異尺度対応を変更できます。

作成したブロックの属性定義を確認をします。

❻ [ホーム]タブ→[ブロック]パネル→[属性定義]コマンドの▼をクリック。

❼ [ブロック属性管理]コマンドをクリック。

107

❽[ブロック属性管理]ダイアログが表示されます。

❾図の∨をクリックすると属性定義が付いているブロックがリストから選択できます。

❿[表面性状]をクリック。

※リストからブロックを変更するとメッセージが表示されます。[はい]を選択します。

⓫図の位置をクリックし、[加工]の設定の確認をします。

⓬[属性]タブの設定を確認します。

名称:**加工**

プロンプト:**加工方法を入力してください。**

デフォルト:空欄

※変更するには各項目を入力し直します。

⓭[プロパティ]タブをクリックし、設定を確認します。

画層:0

色:ByBlock

線の太さ:ByBlock

線種:ByBlock

⓮[文字オプション]タブをクリックし、設定を確認します。

位置合わせ:左中

高さ:**3**

⓯図の位置をクリックし、[粗さ]の設定の確認をします。

⓰[属性][プロパティ][文字オプション]タブをクリックし、設定を確認します。

名称:**粗さ**

プロンプト:**粗さの値を入力してください。**

デフォルト:**Ra 1.6**

※[プロパティ][文字オプション]タブの設定は、[加工]の設定⓭⓮と同様です。

⓱設定内容の変更を行った場合は[適用]→[同期]を順にクリックします。

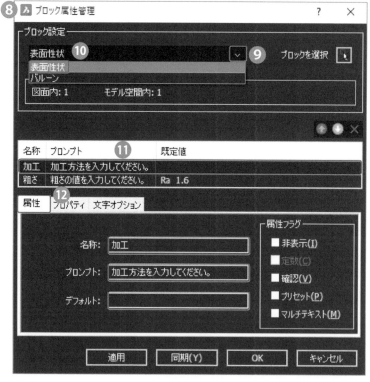

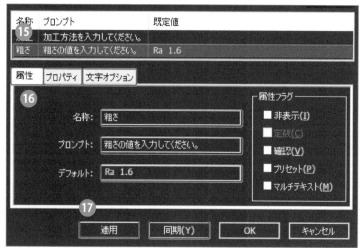

※バルーンのブロック設定を確認します。

⓲図の∨をクリック。

⓳[バルーン]をクリック。

⓴[属性][プロパティ]タブをそれぞれクリックし、設定を確認します。

名称:**照合番号**

プロンプト:**照合番号を入力してください。**

デフォルト:**1**

※[プロパティ]タブの設定は、[加工]の設定⓭と同様です。

㉑[文字オプション]タブをクリックし、設定を確認します。

位置合わせ:中中

高さ:**3.5**

㉒設定内容の変更を行った場合は[適用]→[同期]→[OK]を順にクリックしてコマンドを終了します。変更がなければ[キャンセル]をクリックします。

㉓[ガイドブッシュ.dwg]を上書き保存をします。

㉔作成したブロックを削除します。

※ブロックを削除しても登録したブロックの情報はファイルに付随します。次項では作成したブロックを配置します。

※ファイルを閉じる場合は、変更の保存を確認するメッセージが表示されます。「はい」を選択して再び上書き保存します。

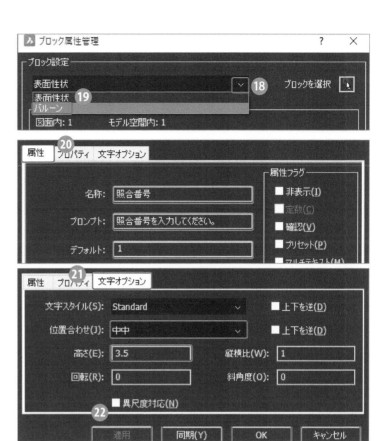

作成したブロックを削除します

■ブロックの元図形を編集する

ブロックの元の図形や、文字の位置などを編集する場合は[ブロックを編集]コマンドを使用します。図面内にある同じ名称のブロックすべてに変更が反映します。

❶[ブロック]パネル→[ブロック編集]コマンドをクリック。

❷[ブロック定義の作成または編集]ダイアログが表示されます。

❸編集したいブロックを選択し、[OK]をクリック。

❹ブロックが拡大表示され、リボンが[ブロック編集]タブに変わります。

※[ホーム]タブの[作成]パネルや[修正]パネルの各コマンドで元図形を編集します。

❺編集が終わったら、[ブロック編集]タブ→[保存/破棄]パネルの[ブロックを保存]コマンドをクリック。

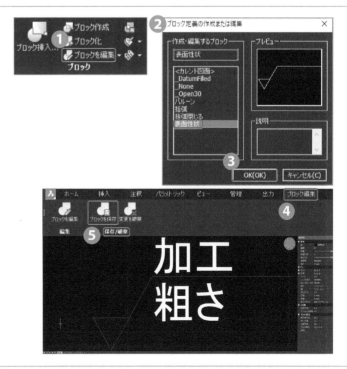

ブロックを配置する

ガイドブッシュの部品図に作成したブロックを配置します。

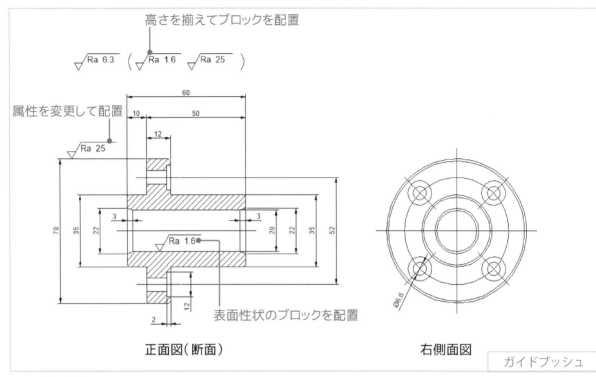

高さを揃えてブロックを配置

属性を変更して配置

表面性状のブロックを配置

正面図（断面）　　　　　　　右側面図

ガイドブッシュ

作図ナビ

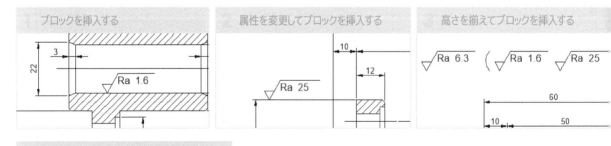

| ブロックを挿入する | 属性を変更してブロックを挿入する | 高さを揃えてブロックを挿入する |

ブロックを挿入する

ブロックを挿入する時の画層、プロパティの設定をします。

❶[ホーム]タブ →[画層管理]パネル →[画層コントロール]の画層が[0]になっていることを確認します。

❷[プロパティ管理]パネルの∨をクリックし[色][線の太さ][線種]を[ByLayer]に変更します。

❸ [ホーム]タブ→[ブロック]パネル
　→[ブロック挿入]コマンドをクリック。

❹ [ブロック挿入]ダイアログが表示
　されます。

❺ 図の∨をクリックして[表面性状]を
　選択します。

❻ [OK]をクリックするとカーソルに
　ブロックが付いてきます。

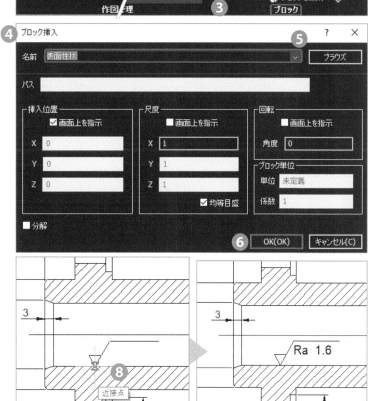

※一時図形スナップを使用します
　（P33参照）。

❼ [Shift]+右クリックで[近接点]を
　選択します。

❽ 図の位置でクリックしブロックを配
　置します。

❾ 加工方法は不要のため、そのまま
　[Enter]キーを押して確定します。

※加工方法のデフォルトは空欄です。

❿ 粗さの値はデフォルトの[Ra　1.6]
　のため、そのまま[Enter]キーを押
　して確定します。

※< >(括弧)の値で変更なければ、
　そのまま[Enter]キーを押すと<>
　の値で確定します。

▶ [表面性状]ブロックが配置できま
　した。

```
２  属性を変更して
     ブロックを挿入する
```

粗さの値を変更してブロックを配
置します。

※前項「1　ブロックを挿入する」の
　❶～❻と同様の手順で図の位置に
　[表面性状]を配置します。

❶ 図の位置でクリックし、ブロックを
　配置します。

❷ [Enter]キーを押して確定します。

❸ Ra　25と入力し[Enter]キーを押
　して確定します。

▶ 粗さの値を変更してブロックの配
　置ができました。

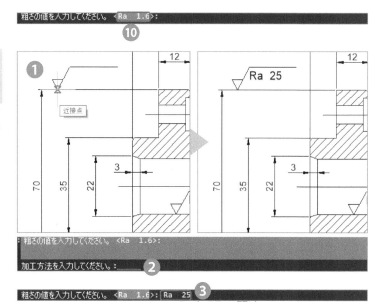

Raと25の間は
半角スペース2個分空けます

3 高さを揃えて ブロックを挿入する

❶ [2 属性を変更してブロックを挿入する]と同様の手順で図の位置に[表面性状]を配置します。

❷ [1 ブロックを挿入する]❶〜❺と同様の手順で[括弧]ブロックを挿入する状態にします。

※ スナップトラックを使用します。

❸ カーソルを図の[端点]マーカーが表示される点にポイントします。

※ クリックはしません。

❹ 図の方向にカーソルを移動します。

❺ 仮想線上の図の位置でクリック。

▶ [表面性状]ブロックと高さを揃えて[括弧]ブロックが配置できました。

❻ 同様の手順で残りのブロックも高さを揃えて配置します。

▶ ブロックがすべて配置できました。

※ バルーンのブロックはガイドブッシュでは配置しません。組立図を作成する時に使用します。

❼ [ガイドブッシュ.dwg]を上書き保存します。

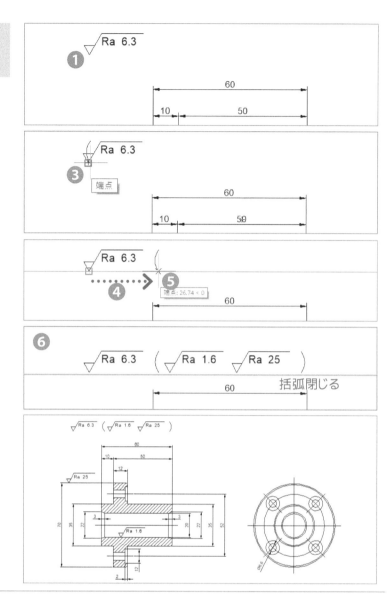

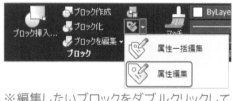

作図設定

BricsCAD

▶ Chapter6　作図設定

画層の設定

BricsCADの図面は何枚もの透明なシートを重ね合わせた構造をしています。この透明なシート1枚1枚を[画層]といいます。画層ごとに異なる線の色や線種を設定したり、表示を切替えたりすることができるので編集や管理がしやすくなります。例えば、図形の外形線、中心線、寸法線、図枠線を別々の画層に分けておけば、画層を選択してそれぞれの編集をすることができます。

Chapter 6

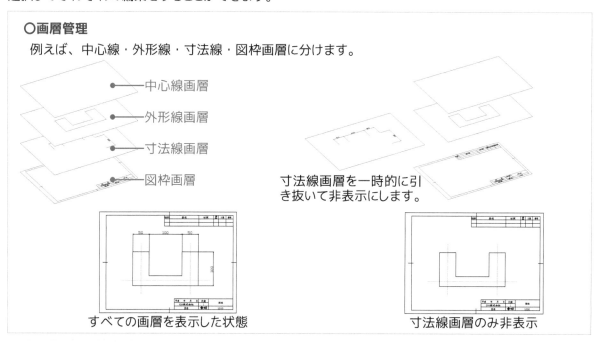

○画層管理

例えば、中心線・外形線・寸法線・図枠画層に分けます。

中心線画層
外形線画層
寸法線画層
図枠画層

寸法線画層を一時的に引き抜いて非表示にします。

すべての画層を表示した状態　　　　寸法線画層のみ非表示

設定ナビ

本書では、図形がわかりやすいように、このChapter以降では背景色を黒色にしています。

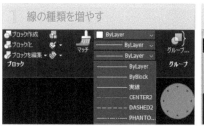

○作成する画層

	現在	画層名	説明	オン/...	フリーズ	ロック	色	線種	線の太さ	透過性	印刷ス...	印刷
1	●	0					White	実線	デフォルト	0	色 7	
2		01_外形線					White	実線	0.35 mm	0	色 7	
3		02_中心線					Green	CENTER2	0.18 mm	0	色 3	
4		03_細線					Cyan	実線	0.18 mm	0	色 4	
5		04_かくれ線					Red	DASHED2	0.18 mm	0	色 1	
6		05_寸法線					Yellow	実線	0.18 mm	0	色 2	
7		06_補助線					Magen	実線	0.18 mm	0	色 6	
8		07_想像線					Blue	PHANTOM2	0.18 mm	0	色 5	
9		08_図枠・表題欄					White	実線	0.18 mm	0	色 7	
10		09_ビューポート					31	実線	0.18 mm	0	色 31	
11		Defpoints					White	実線	デフォルト	0	色 7	

線の種類を増やす

一点鎖線など、線の種類を追加します。

- [ガイドブッシュ.dwg]を開きます。

- [ホーム]タブ→[プロパティ管理]パネル→[線種のコントロール]の∨をクリック。

- [ロード]をクリック。

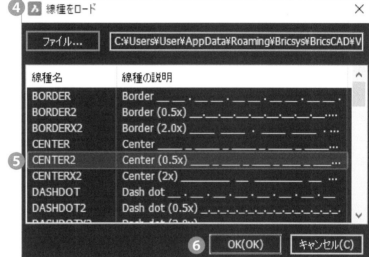

- [線種をロード]ダイアログが表示されます。

- [CENTER2]をクリック。

- [OK]をクリック。

- [CENTER2]という線種がロードできました。

- 同様につぎの線種もロードします。

  [DASHED2]

  [PHANTOM2]

  ※[Ctrl]キーを押しながら線の種類を選択すると複数の線種を一度に選択できます。

  [CENTER2]・・・一点鎖線

  [DASHED2]・・・破線

  [PHANTOM2]・・・二点鎖線

- [OK]をクリック。

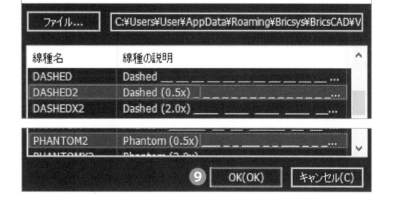

▶ 3種類の線種がロードできました。

⑩ [プロパティ管理]パネルの[色の
コントロール][線の太さコントロー
ル][線種コントロール]がすべて
[ByLayer]になっていることを確認
します。

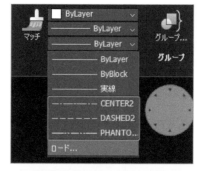

線種に尺度を設定します。

⑪ [管理]タブ→[カスタマイズ]パネ
ル→[設定]コマンドをクリック。

⑫ [設定]ダイアログが表示されま
す。

⑬ 図の位置に**線種尺度**と入力しま
す。

⑭ 図の下矢印を何度かクリックして
[線種尺度]の項目を表示します。

⑮ 線種尺度に**0.5**と入力し[Enter]
キーを押します。

※ 一点鎖線、破線など線のパターン
の間隔を線種尺度で調整できま
す。

※ [コマンドバー]に**LTSCALE**と入力
しても同様に変更できます。

⑯ ダイアログを閉じます。

▶ 線種尺度が変更されました。

2 新しく画層を作成する

❶ [ホーム]タブ→[画層管理]パネル
→[画層]コマンドをクリック。

❷ [図面エクスプローラ]が表示され
ます。

❸ [0]画層に図のマークが付いてい
ることを確認します。

※ 図の箇所のマークはカレントを表し
ています。カレントとは「現在の」と
いう意味です。カレントになってい
ない場合は図の箇所をクリックして
カレントに設定します。

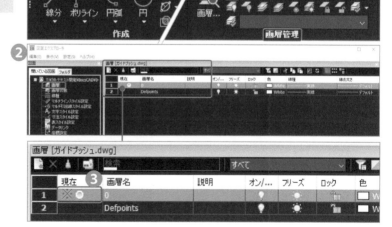

❹[新規]をクリック。

❺[新規画層1]が追加されます。

※[0]画層の設定をコピーして新しい
画層が追加されます。

❻画層名に**02_中心線**と入力します。

※名前の編集をするには、画層の
上で右クリックし、ショートカットメ
ニューから[名前を変更]を選択す
ると編集できます。

■初期の画層

[0]画層は必ず存在する画層です。名前の変
更や削除ができません。[Defpoints]画層は
図形を描くと自動で生成されます。印刷され
ない画層で削除できません。

---

3 画層の色・線種・線
の太さを設定する

画層の色・線種・線の太さを設定し
ます。

❶図の箇所をクリック。

❷[色を選択]ダイアログが表示され
ます。

❸[色インデックス]タブの[Green]
を選択します。

※色は[色インデックス]タブから選
択します。

❹[OK]をクリック。

▶画層の色が設定できました。

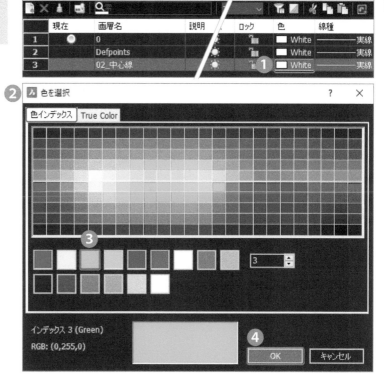

❺図の箇所をクリック。

❻[CENTER2]を選択します。

▶画層の線種が設定できました。

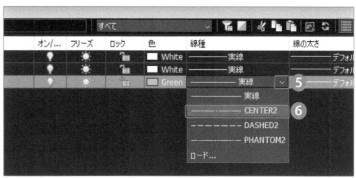

❼図の箇所をクリック。

❽[0.18mm]を選択します。

▶画層の線の太さが設定できました。

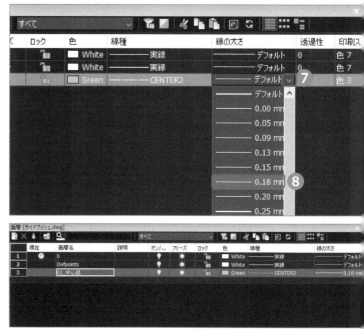

▶[02_中心線]の画層が設定できました。

❾同様に新しく画層を作成して、図のように画層の設定をします。

❿[09_ビューポート]画層の図の位置をクリックし、印刷をしないに設定します。

※[画層名]をクリックすると、番号順に画層を並び替えできます。

⓫ダイアログを閉じます。

■ ByLayer と ByBlock

ByLayerとByBlockはそれぞれ、Layer（画層）の設定に依存する、Block（ブロック）の設定に依存するという意味で、図形のプロパティ設定で指定します。ByLayerの設定された図形は画層の設定に依存するので、画層の設定を変更するとその画層内の図形に一括して反映されます。ByBlockはブロック化した図形の設定を優先させるので、ブロックが存在する画層に左右されずに設定を変更することができます。ByLayerは画層ごとに、ByBlockはブロック図形ごとにプロパティの管理が行えます。

※画層[02_寸法線]を適用したブロックのプロパティを変更した例です。

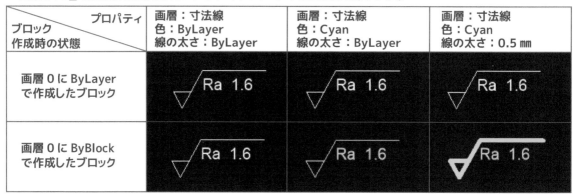

ブロック 作成時の状態 ＼ プロパティ	画層：寸法線 色：ByLayer 線の太さ：ByLayer	画層：寸法線 色：Cyan 線の太さ：ByLayer	画層：寸法線 色：Cyan 線の太さ：0.5㎜
画層 0 に ByLayer で作成したブロック	Ra 1.6	Ra 1.6	Ra 1.6
画層 0 に ByBlock で作成したブロック	Ra 1.6	Ra 1.6	Ra 1.6

02

文字スタイルの設定

文字スタイルでは、使用する文字のフォントやサイズを設定して管理します。
図面の仕様に合わせたスタイルが作成できます。

1 文字のスタイルを変更する

初期設定に [Standard] という文字スタイルが用意されています。これを編集して設定します。

❶[注釈]タブ→[文字]パネル→[文字スタイル設定]コマンドをクリック。

❷[図面エクスプローラ]が表示されます。

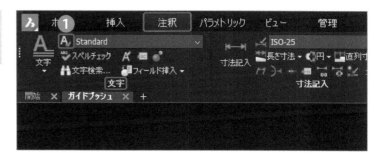

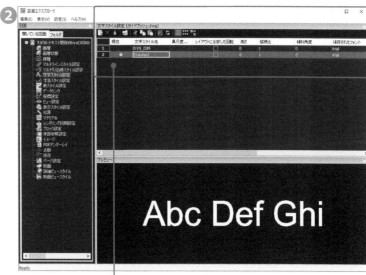

※[Standard]の各項目をつぎのように設定します

❸[異尺度対応]をクリック。

❹[保存されたフォント]の図の位置をクリックし[MSゴシック]を選択します。

❺[図面エクスプローラ]を閉じます。

▶[Standard]の設定ができました。

03

▶ Chapter6　作図設定

寸法スタイルの設定

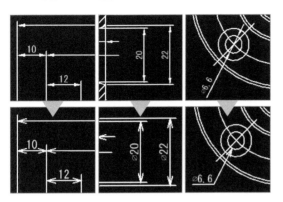

寸法スタイルでは、寸法線の矢印のサイズや形、接頭文字の有無など設定します。ここでは図面の仕様に合わせた3種類の寸法スタイルを作成します。

1 新しい寸法スタイルを作成する

初期設定に[ISO-25]という寸法スタイルが用意されています。これを編集して、新しいスタイル[オリジナル1]を作成します。

❶[注釈]タブ→[寸法記入]パネル→[寸法スタイル設定]コマンドをクリック。

❷[図面エクスプローラ]が開きます。

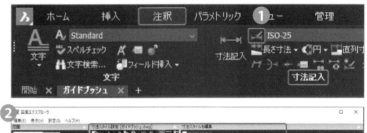

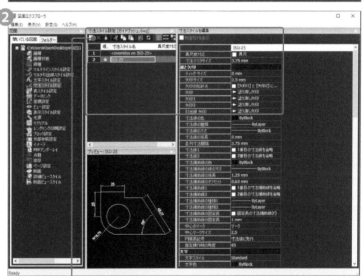

❸[ISO-25]をクリック。

❹[新規]をクリック。

❺[新しい寸法スタイル1]が追加されます。

❻**オリジナル1**と入力します。

※寸法スタイル[ISO-25]を元に寸法スタイル[オリジナル1]が作成されました。

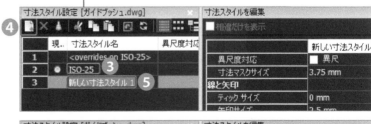

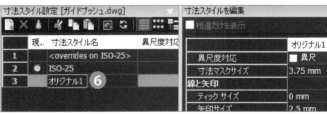

新しく作成した寸法スタイル[オリジナル1]の寸法スタイルを編集します。

⑦各項目をつぎのように設定します。

異尺度対応:チェックを入れる

[線と矢印]

矢印サイズ:**3**mm

矢印:30度開矢印

矢印1:30度開矢印

矢印2:30度開矢印

引出線矢印:30度開矢印

並列寸法間隔:**10**mm

寸法補助線の延長:**2**mm

寸法補助線のオフセット:**1**mm

中心マークサイズ:**1**

[文字]

文字高さ:**3**mm

※フォントは文字スタイルを参照しています。

[フィット]

寸法線の内側:チェックを入れる

[基本の単位]

小数点の区切り符号:.(ピリオド)

▶[オリジナル1]の設定ができました。

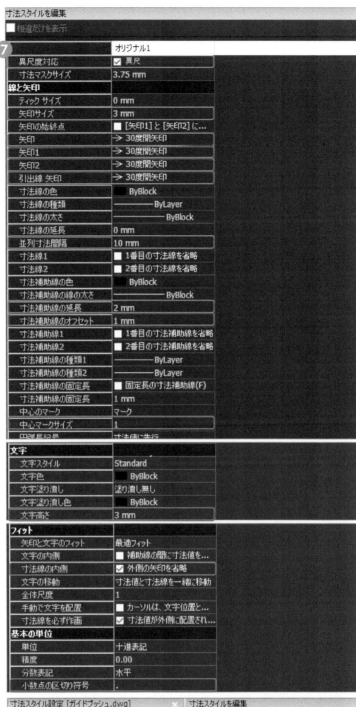

2 直径寸法のスタイルを作成する

寸法スタイル[オリジナル1]を元にして[直径寸法]の寸法スタイルを作成します。

①[オリジナル1]をクリック。

②[新規]をクリック。

③直径寸法と入力します。

④[基本の単位]の接頭に半角で%%c と入力します。

※接頭に%%cを入力すると寸法値の前にΦが入ります。

▶[直径寸法]の設定ができました。

121

穴寸法のスタイルを作成する

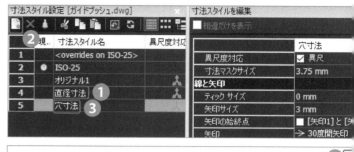

❶[直径寸法]をクリック。

❷[新規]をクリック。

❸**穴寸法**と入力します。

❹各項目をつぎのように設定します。

[線と矢印]

　中心のマーク：無し

　中心マークサイズ：**0**

[文字]

　文字の外側：チェックを入れる

[フィット]

　寸法線の内側：チェック無し

　寸法線を必ず作画：チェック無し

▶[穴寸法]の設定ができました。

❺[図面エクスプローラ]を閉じます。

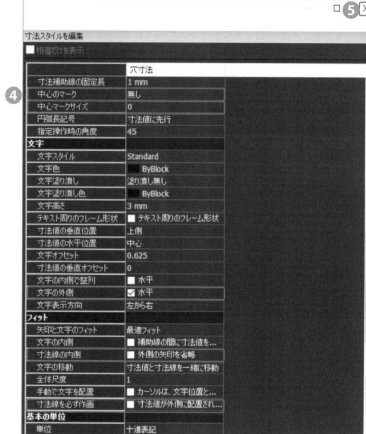

■並列寸法の間隔の設定

並列寸法の間隔は、寸法スタイルで設定されています。設定した値の間隔で並列する寸法を配置できます。

○並列寸法間隔の変更方法

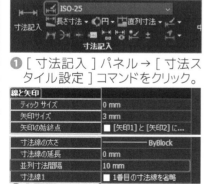

❶[寸法記入]パネル→[寸法スタイル設定]コマンドをクリック。

❷[図面エクスプローラ]→[線と矢印]の[並列寸法間隔]を変更します。

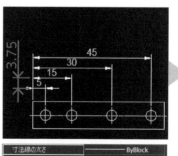

並列寸法間隔：3.75 mm

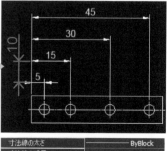

並列寸法間隔：10 mm

04

マルチ引出線スタイルの設定

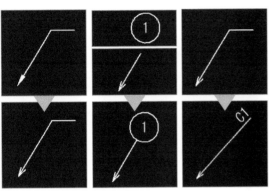

マルチ引出線スタイルでは、引出線の形状と文字の情報を設定します。

ここでは、標準のスタイル、バルーンを表示する引出線、面取り寸法用の3つのマルチ引出線スタイルを作成します。

マルチ引出線の
スタイルを設定する

初期設定に[Standard]というマルチ引出線スタイルが用意されています。これを編集して設定をします。

❶ [注釈]タブ →[引出線]パネル →[マルチ引出線スタイル設定]コマンドをクリック。

❷ [図面エクスプローラ]が表示されます。

❸引出線タブ

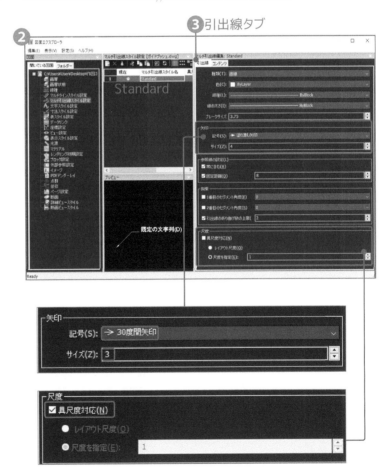

❸ [引出線]タブの内容をつぎのように設定します。

　[矢印]

　　記号：→30度開矢印

　　サイズ：3

　[尺度]

　　異尺度対応：チェックを入れる

123

④[コンテンツ]タブをクリックし、つぎ
のように設定します。

[オプション]

文字高さ：**3**

[引出線接続]

左側のアタッチメント：最終行の下線

右側のアタッチメント：最終行の下線

参照線との間隔：**1**

▶[Standard]の設定ができました。

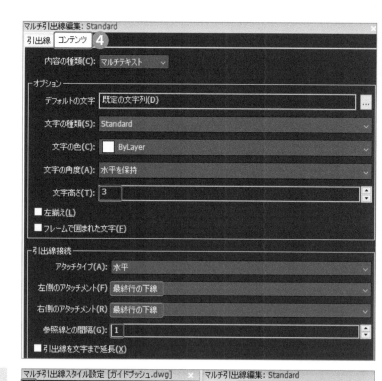

2 バルーン専用の スタイルを作成する

[Standard]の設定を元に、新しく
[バルーン]専用のマルチ引出線ス
タイルを作成します。

❶[新規]をクリック。

❷[新しいマルチ引出線スタイル]ダ
イアログが表示されます。

※新しいマルチ引出線スタイルに名
前を付けます。

❸**バルーン**と入力します。

❹新規マルチ引出線スタイルの
[Standard]をクリック。

❺[作成]をクリック。

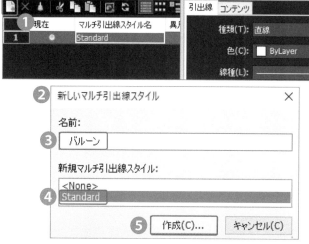

※[図面エクスプローラ]が再表示さ
れます。

❻[引出線]タブの内容をつぎのよう
に設定します。

※先に[固定距離]のチェックを外し、
続いて[常に含む]のチェックを外
します。

参照線の設定

固定距離：チェック無し

常に含む：チェック無し

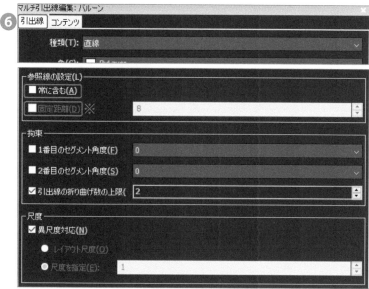

ブロックを参照してスタイルのコンテンツを設定します。

❼[コンテンツ]タブをクリックし、つぎのように設定します。

❽[内容の種類]をクリックし[ブロック設定]を選択します。

[ブロックオプション]

　元ブロック：バルーン

　アタッチメント：挿入基点

▶[バルーン]の設定ができました。

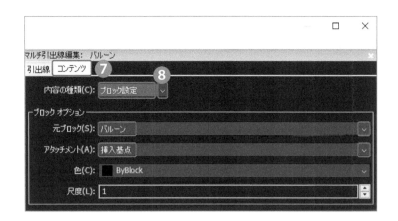

3 面取り寸法専用のスタイルを作成する

[バルーン] の設定を元に、新しく[面取り] 専用のマルチ引出線スタイルを作成します。

❶[新規]をクリック。

❷[新しいマルチ引出線スタイル]ダイアログが表示されます。

※新しいマルチ引出線スタイルに名前を付けます。

❸**面取り寸法**と入力します。

❹新規マルチ引出線スタイルの[バルーン]をクリック。

❺[作成]をクリック。

※[図面エクスプローラ]が再表示されます。

※[バルーン]を元にしているため[引出線]タブの内容はコピー元のスタイル設定と同様です。

❻[コンテンツ]タブをクリックし、つぎのように設定します。

❼[内容の種類]をクリックし[マルチテキスト]を選択します。

[オプション]

　文字の角度：常に右方向へ読む

　文字高さ：**3**

[引出線接続]

　アタッチタイプ：水平

　左側のアタッチメント：最終行の下線

　右側のアタッチメント：最終行の下線

　参照線との間隔：**1**

▶[面取り寸法]の設定ができました。

❽[図面エクスプローラ]を閉じます。

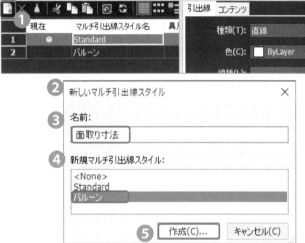

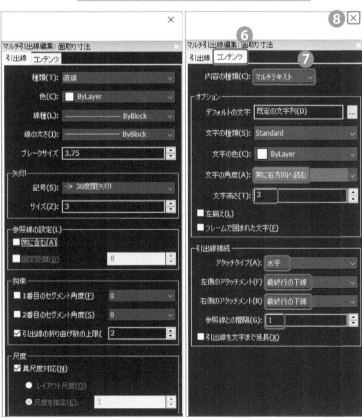

05

表スタイルの設定

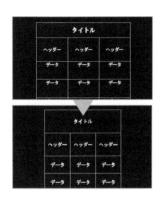

表スタイルでは、挿入する表の文字の基点やセルの設定をします。よく使用する表形式を表スタイルとして作成しておくと便利です。Chapter8ではこの表スタイルを適用して部品表を作成しています。

表スタイルを作成する

初期設定に[Standard]というスタイルが用意されています。これを編集して設定をします。

❶[注釈]タブ→[表]パネル→[表スタイル設定]コマンドをクリック。

❷[図面エクスプローラ]が表示されます。

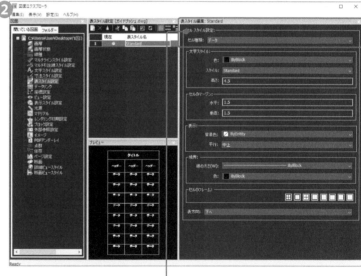

❸セルスタイル設定のセル種類の∨をクリックして[データ]を選択します。

※セル種類には[データ][ヘッダー][タイトル]を設定することができます。

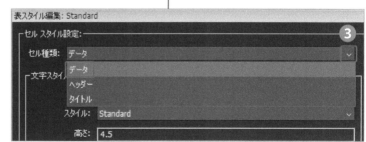

❹[データ]の各項目をつぎのように
設定します。

[文字スタイル]

高さ:**3**

[セルのマージン]

水平:**0**

垂直:**0**

[表示]

平行:中中

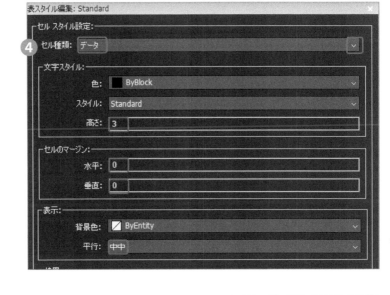

❺[ヘッダー]の各項目をつぎのよう
に設定します。

[文字スタイル]

高さ:**3**

[セルのマージン]

水平:**0**

垂直:**0**

[表示]

平行:中中

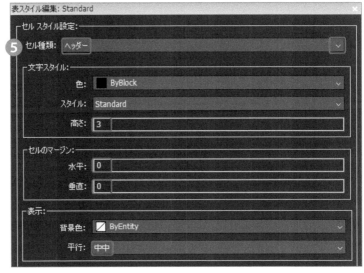

❻[タイトル]の各項目をつぎのよう
に設定します。

[文字スタイル]

高さ:**3**

[セルのマージン]

水平:**0**

垂直:**0**

[表示]

平行:中中

❼[図面エクスプローラ]を閉じます。

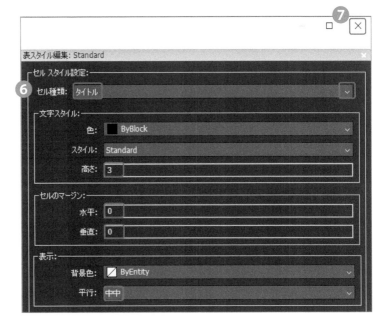

作図設定を適用する

Chapter3〜Chapter5で作成した図形や寸法はすべて[画層0]に描かれています。作成した画層(外形線、中心線、寸法線)に、これらの図形を振り分けます。
また、寸法には作成した寸法スタイル(オリジナル1、直径寸法、穴寸法)をそれぞれ適用します。

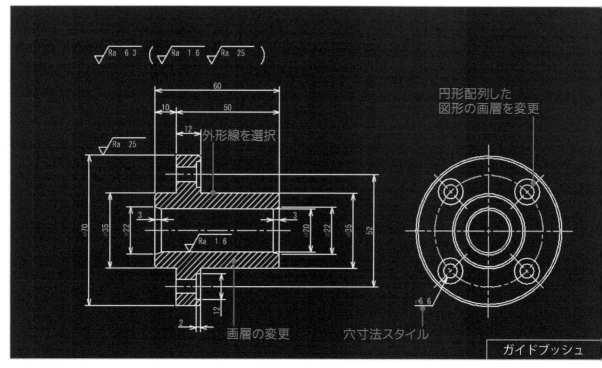

作図ナビ

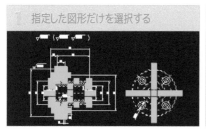

1 指定した図形だけを選択する

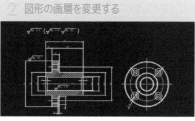

2 図形の画層を変更する

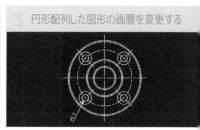

3 円形配列した図形の画層を変更する

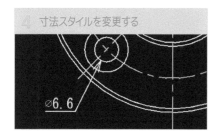

4 寸法スタイルを変更する

1 指定した図形だけを選択する

クイック選択を使用し、外形線のみを選択します。

❶ [プロパティパネル]をクリック。

❷ [クイック選択とプロパティを切替]をクリック。

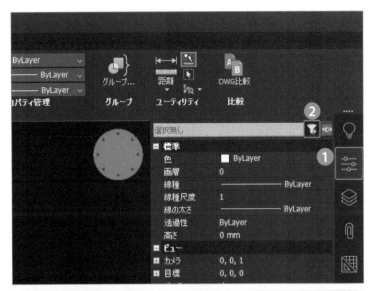

※ [プロパティパネル]がクイック選択のパネルに変わります。

❸ ∨をクリックして[円]を選択します。

※ 括弧内の数字は図形の数を表します。

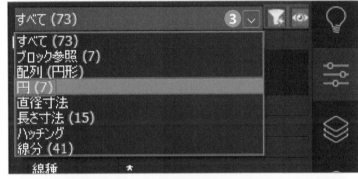

❹ 図の位置の[カレントの選択セットに追加]をクリック。

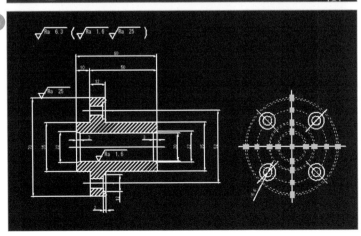

❺ 図形の円がすべて選択されます。

※ ザグリ穴は[配列(円形)]に分類されるため選択されません。

❻続けて[クイック選択とプロパティを切替]をクリック。

円 (7)

■ 標準
　ハンドル　　　*Varies*

❼[カレントの選択セットに適用]の図の位置をクリックしてチェックを外します。

円 (7)

❼☐ カレントの選択セットに適用

❽∨をクリックして[線分]を選択します。

❾[カレントの選択セットに追加]をクリック。

すべて (73)　　　　　　　　❽∨

すべて (73)
ブロック参照 (7)
配列 (円形)
円 (7)
直径寸法
長さ寸法 (15)
ハッチング
線分 (41)

すべて (73)

❾☐ カレントの選択セットに適用

▶図面内にある円と線分すべてが選択できました。

※クイック選択は図形のタイプ、色、線種などでフィルターをかけて選択する機能です。条件を変更して選択を追加、削除できます。

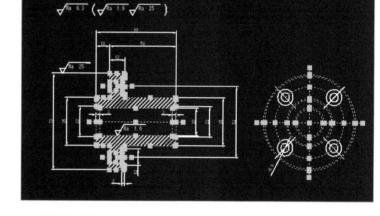

2 図形の画層を変更する

選択した図形の画層を [01_外形線] に変更します。

❶[ホーム]タブ→[画層管理]パネル→[画層コントロール]をクリックし、画層名[01_外形線]を選択します。

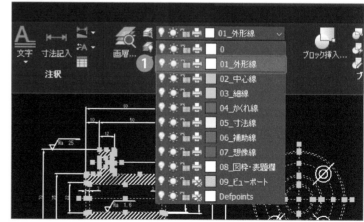

▶選択した円と線分の画層を[01_外形線]に変更できました。

❷[Esc]キーを押して、選択を解除します。

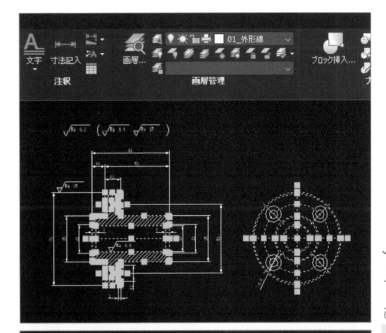

選択した図形の画層を[02_中心線]に変更します。

❸図の図形をクリック。

（線分：5箇所、円：1箇所）

❹[ホーム]タブ→[画層管理]パネル→[画層コントロール]の∨をクリックして画層名[02_中心線]を選択します。

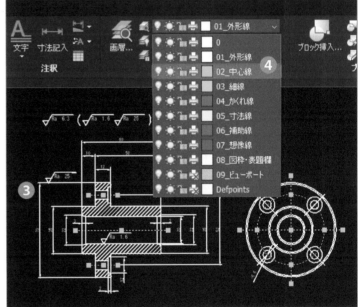

❺[Esc]キーを押して選択を解除します。

▶選択した図形の画層を[02_中心線]に変更できました。

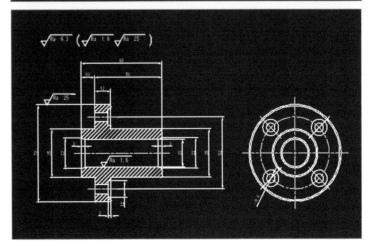

図面のハッチングの画層を[03_
細線]に変更します。

❻図のハッチングをクリック。

※ハッチングはクイック選択でも選
択できます。

❼[03_細線]の画層を選択します。

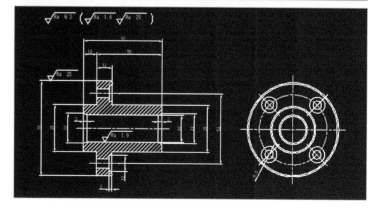

❽[Esc]キーを押して選択を解除し
ます。

▶ハッチングの画層を[03_細線]に
変更できました。

図面の寸法とブロックの画層を
[05_寸法線]に変更します。

❾クイック選択で[ブロック参照][直
径寸法][長さ寸法]を選択します。

※クイック選択についてはP129参照。

❿[05_寸法線]の画層を選択しま
す。

⓫[Esc]キーを押して選択を解除し
ます。

▶寸法とブロックの画層を[05_寸法
線]に変更できました。

3 円形配列した図形の画層を変更する

複写元の図形の画層を変更します。

① [ホーム]タブ→[修正]パネル→[矩形配列]コマンドの▼をクリック。

② [配列編集]コマンドをクリック。

③ 図の図形をクリック。

④ オプションの[元(S)]を選択し[Enter]キーを押します。

⑤ 図の図形をクリック。

③ 関連付け配列を選択:

④ [元(S)/置換(REP)/基点(B)/行(R)/列(COL)/レベル(L)/リセット(RES)/終了(X)] <終了(X)>:s

⑤ 配列のアイテムを選択:

⑥ [配列編集状態]ダイアログが表示されます。

⑦ [OK]をクリック。

> ♠ 配列編集状態 ✕
>
> ❓ 配列の元図形を編集しますか?
>
> 配列の編集状態を終了するには、ARRAYCLOSE を使用してください。
>
> ☐ 再度の表示はしない
>
> ⑦ OK キャンセル

▶ [連想配列編集]タブに変わり、配列元の図形がハイライト表示になります。

⑧ 図の線分を選択して、画層を[02_中心線]に変更します。

♠ ホーム 挿入 注釈 出力 連想配列編集

変更を保存 変更を破棄

配列編集

⑧

⑨ 残りの図形(円)を選択して画層を[01_外形線]に変更します。

⑩ [連想配列編集]タブ→[配列編集]パネル→[変更を保存]アイコンをクリック。

♠ ホーム 挿入 注釈 出力 連想配列編集

変更を保存 変更を破棄

⑩ 配列編集

⑨

▶円形配列した図形の画層を変更できました。

※配列で作成した図形はグループ化されています。配列編集をすると配列条件や元図形を編集できます。

また、グループ化されているので個別に形や大きさを変更することはできません。

個別に形や大きさを変更したい場合は、分解コマンドで配列を分解します。分解すると、配列として編集することはできなくなります。

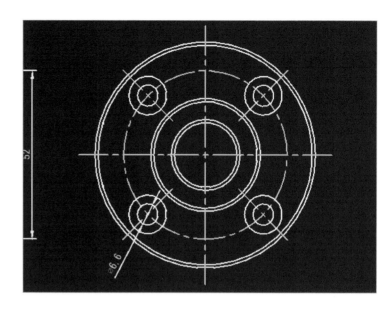

▶すべての図形の画層が変更できました。

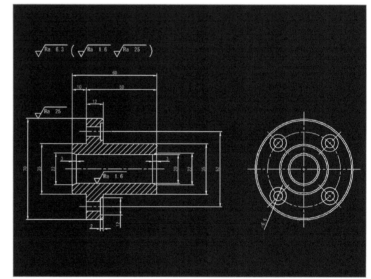

寸法スタイルを変更する

長さ寸法の寸法スタイルを[ISO-25]から[オリジナル1]へ変更します。

❶クイック選択で[長さ寸法]を選択します。

❷[注釈]タブ→[寸法記入]パネル→[寸法スタイルコントロール]の∨をクリック。

❸[オリジナル1]を選択します。

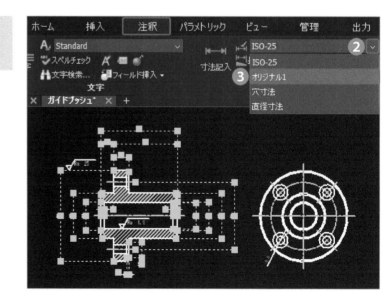

④[Esc]キーを押して、選択を解除します。

▶長さ寸法の寸法スタイルが[オリジナル1]へ変更できました。

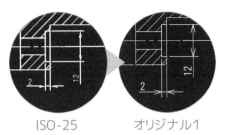

ISO-25　　　　　オリジナル1

図の寸法のスタイルを[直径寸法]に変更します。

⑤図の寸法を選択します。

⑥[注釈]タブ→[寸法記入]パネル→[寸法スタイルコントロール]の∨をクリック。

⑦[直径寸法]を選択します。

⑧[Esc]キーを押して選択を解除します。

▶[直径寸法]へ変更できました。

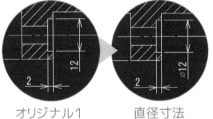

オリジナル1　　　　直径寸法

図の寸法のスタイルを[穴寸法]に変更します。

⑨同様の手順で図の寸法を選択し、寸法スタイルを[穴寸法]に変更します。

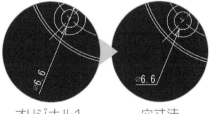

オリジナル1　　　　穴寸法

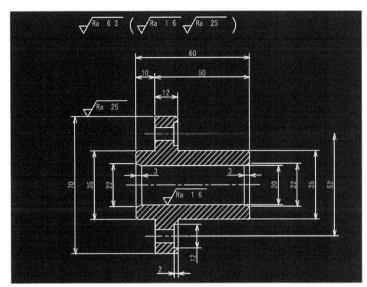

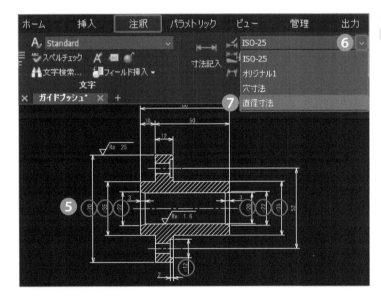

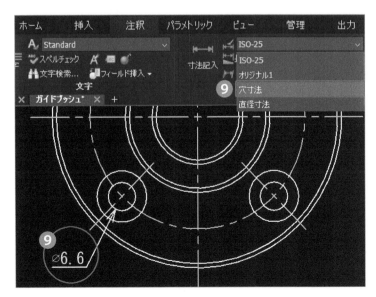

■画層のコントロール

アイコンをクリックすると
オン／オフを切替えられます。

🔆 **画層オン**

💡 **画層オフ**

❄ **画層フリーズ解除**

❄ **画層フリーズ**

🔓 **画層ロック解除**

🔒 **画層ロック**

[画層管理]パネルの[画層コントロール]から画層のオフ、フリーズ、ロックを切替えることができます。それぞれにはつぎのような違いがあります。

○画層のオフ

画層をオフにすると、その画層にある図形や寸法が作業領域から非表示になり編集できなくなります。しかし、画層がオフでも図形の選択が可能です。[メニューバー]→[編集]→[すべて選択(Ctrl+A)]をすると非表示の画層にある図形も選択できます。画層の非表示は作業しづらい場合などに使用します。

○画層のフリーズ

画層のオフと同様にフリーズにした画層にある図形や寸法は作業領域から非表示になり編集ができなくなります。図形や寸法が一時的になかったものとなり、[すべて選択(Ctrl+A)]でも図形を選択できません。情報が多く処理が重くなる場合などに使用します。

○画層のロック

ロックした画層は作業領域にトーンダウン表示されていますが編集はできません。ロックした画層にある図形の端点などの図形スナップは使用できます。その画層にある図形や寸法は、[すべて選択(Ctrl+A)]でも図形を選択できません。

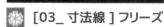

💡 **[03_寸法線] オフ**

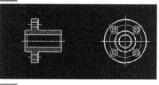

❄ **[03_寸法線] フリーズ**

🔒 **[03_寸法線] ロック**

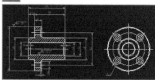

■図面の作成手順

実務では各種設定が施されているテンプレートを用いて作図を行うのが一般的です。本書では、はじめに作図方法を習得するため、各種設定が初期値のデフォルト図面ファイルを使用しています。通常は下記手順で作図すると効率よく作業できます。

① 画層や各スタイルを設定する。

※ 図形や寸法を作図するために必要となる画層とスタイルをあらかじめ設定します。

② 図形を描く画層を選択する。

③ 図形を作図する。

④ 寸法を入れる画層を選択する。

⑤ 寸法のスタイルを選択する。

⑥ 寸法を入れる。

※ 文字の入力も同様の手順で行います(P146参照)。

⑦ 文字を入力する画層を選択する。

⑧ 文字のスタイルを選択する。

⑨ 文字を入力する。

※ 各設定を行ったファイルをテンプレートにする方法はChapter8で取り扱っています。

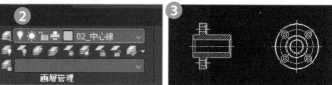

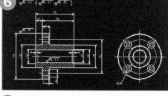

Chapter 6

サイズ公差・幾何公差・注記

BricsCAD

01

▶ Chapter7　サイズ公差・幾何公差・注記

図面を仕上げる

ガイドブッシュの図面に、サイズ公差、幾何公差、注記などを入れて仕上げます。

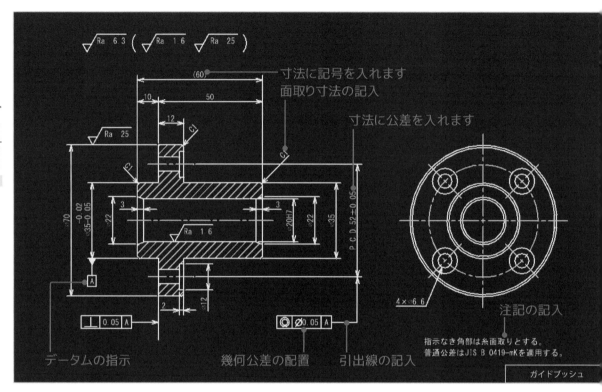

作図ナビ

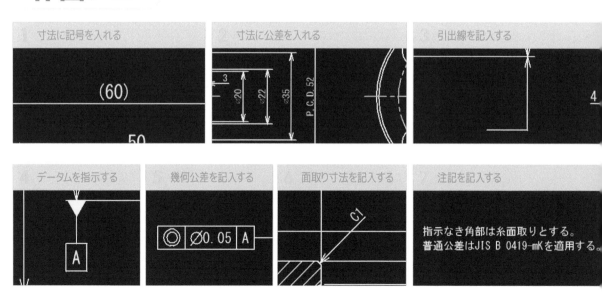

1 寸法に記号を入れる

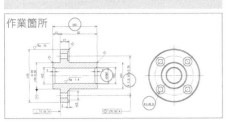

作業箇所

寸法値の前後に記号( )を入れます。

❶図の寸法をクリック。

❷[プロパティパネル]→[基本の単位]→[接頭]欄をクリック。

❸半角括弧 (を入力します。

❹[接尾]欄をクリック。

❺半角括弧閉じる) を入力します。

❻[Esc]キーを押して選択を解除します。

▶寸法値が [(60)] になりました。

❼同様の手順で図の寸法値の接頭に **P.C.D.** を入力します。

❽同様の手順で図の寸法値の接尾に **H7** を入力します。

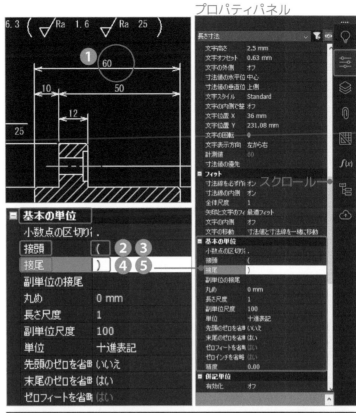

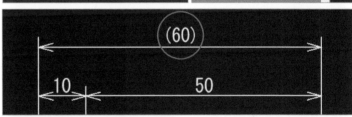

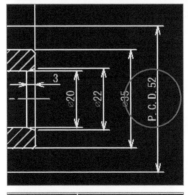

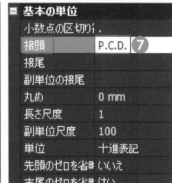

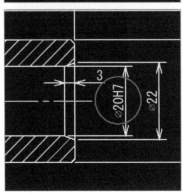

⑨同様の手順で図の寸法値の接頭に**4×**を入力します。

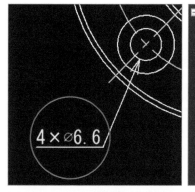

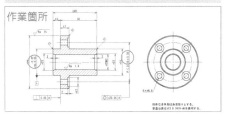

上と下の許容差を入れます。

①図の寸法をクリック。

②[プロパティパネル]→[公差]→[公差表示]欄をクリック。

③∨をクリックして[オン]を選択します。

④[公差範囲下限]欄をクリック。

⑤0.05と入力します。

※入力を確定すると公差範囲下限の表示が、自動的に[50μm]に変わります。

⑥[公差範囲上限]欄をクリックします。

⑦0.05と入力します。

※入力を確定すると公差範囲上限の表示が、自動的に[50μm]に変わります。

⑧[Esc]キーを押して選択を解除します。

▶寸法値に公差が入りました。

⑨同様の手順で、図の寸法にサイズ公差を入れます。

　公差範囲下限:**0.05**

　公差範囲上限:**-0.02**

▶寸法値に公差が入りました。

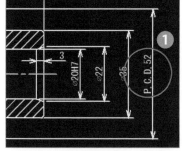

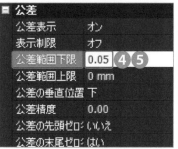

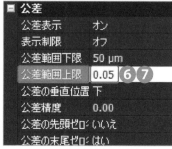

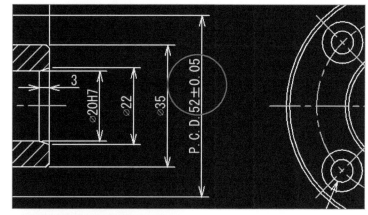

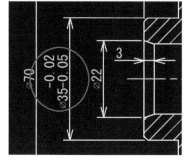

Chapter 7

3 引出線を記入する

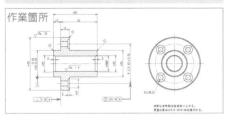

作業箇所

画層と寸法スタイルを変更します。

❶[ホーム]タブ→[画層管理]パネル
→[画層コントロール]をクリックし
[05_寸法線]の画層を選択します。

※引出線コマンドの線や矢印設定は
寸法スタイルを参照しています。
ここでは寸法スタイル[オリジナル
1]を使用します。

❷[注釈]タブ→[寸法記入]パネルの
[寸法スタイルコントロール]をクリッ
クし[オリジナル1]を選択します。

図面に幾何公差用の引出線を記
入します。

❸[注釈]タブ→[引出線]パネル→[引
出線]コマンドの▼をクリック。

※1度使用したコマンドがアクティブ
になります。

❹[引出線]コマンドをクリック。

❺図の[端点]をクリック。

❻下方向にカーソルを移動し仮想線
に合わせます。

❼図の位置でクリック。

❽同様に左方向にカーソルを移動し
仮想線に合わせます。

❾図の位置でクリック。

❿[Esc]キーを押してコマンドを終了
します。

▶引出線が描けました。

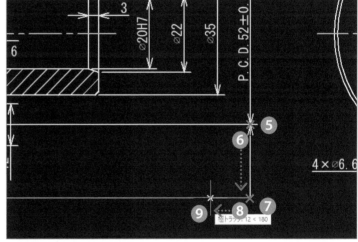

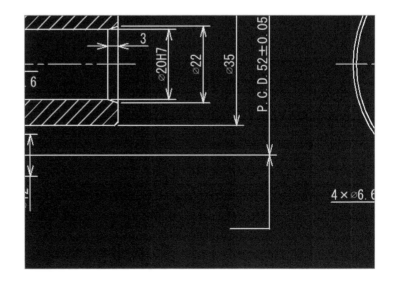

⓫同様の手順で図の引出線を記入します。

⓬図の位置に[線分]コマンドで新たに寸法補助線(約20mm)を描き同様に引出線を記入します。

※線が短いと矢印が表示されないので注意しましょう。

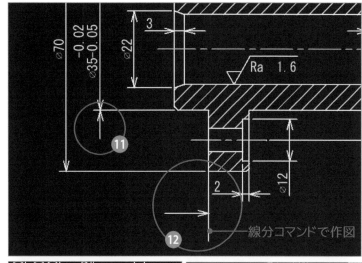

データム用の引出線の矢印を変更します。

⓭図の引出線をクリック。

⓮[プロパティパネル]→[線分と矢印]→[矢印]欄をクリックし、[塗り潰しデータム]に変更します。

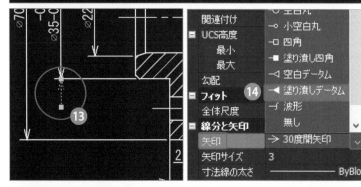

⓯[Esc]キーを押して選択を解除します。

▶データム用の矢印に変更できました。

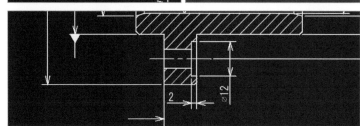

データムを指示する

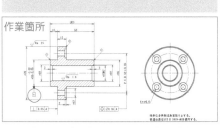

引出線の端点にデータム記号を配置します。

❶[注釈]タブ→[寸法記入]パネル→[幾何公差]コマンドをクリック。

❷[幾何公差]ダイアログが表示されます。

❸[データム識別子]に[A]と入力します。

❹[OK]をクリック。

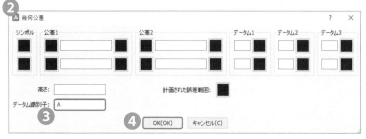

⑤図のような位置でクリック。

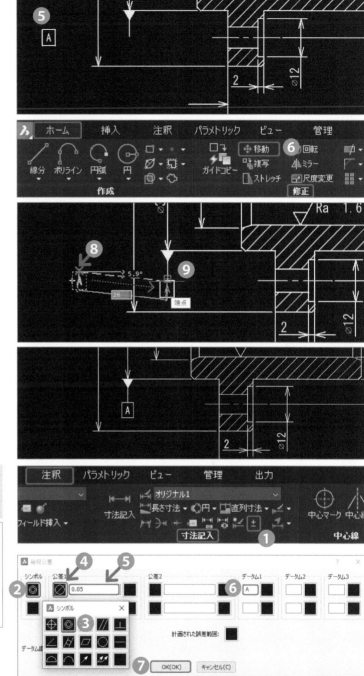

データムを引出線の端点に移動します。

⑥[ホーム]タブ→[修正]パネル→[移動]コマンドをクリック。

⑦移動図形に[データム]を選択し[Enter]キーを押して選択を確定します。

⑧移動の基点として上辺の[中点]をクリック。

⑨引出線の[端点]をクリック。

▶引出線にデータムが配置できました。

5 幾何公差を記入する

作業箇所

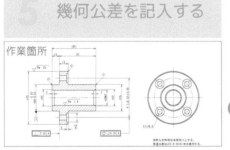

引出線に幾何公差を配置します。

①[注釈]タブ→[寸法記入]パネル→[幾何公差]コマンドをクリック。

②[シンボル]をクリック。

③[同軸度]を選択します。

④[公差1]の図の位置をクリック。

※自動で[φ]が入力されます。

⑤[公差1]に**0.05**と入力します。

⑥[データム1]に**A**と入力します。

⑦[OK]をクリック。

⑧図のような位置でクリック。

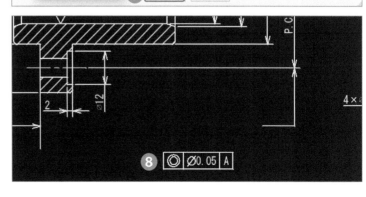

幾何公差を引出線の端点に移動します。

⑨ [ホーム]タブ→[修正]パネル→[移動]コマンドをクリック。

⑩ [幾何公差]を選択し[Enter]キーを押して選択を確定します。

⑪ 移動の基点として図の[中点]をクリック。

⑫ 引出線の[端点]をクリック。

▶ 引出線に幾何公差が配置できました。

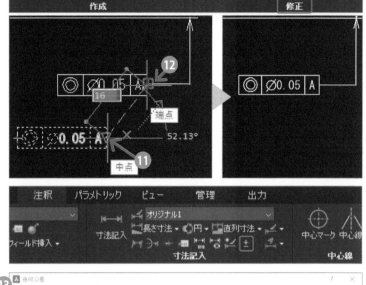

⑬ 同様の手順で図のように幾何公差を記入します。

シンボル：直角度

公差1：**0.05**

データム1：**A**

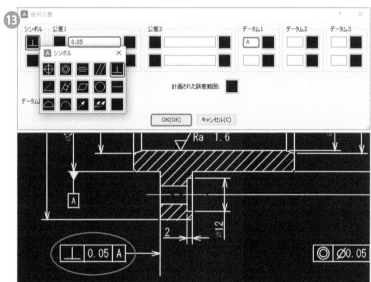

▶ 幾何公差が配置できました。

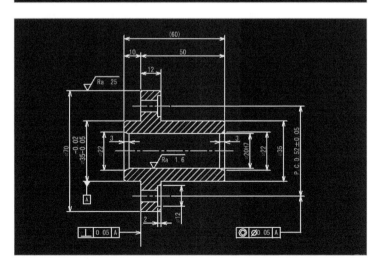

6 面取り寸法を記入する

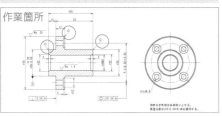

作業箇所

マルチ引出線コマンドを使用して面取り寸法を記入します。

❶ [注釈]タブ → [引出線]パネル → [マルチ引出線スタイルコントロール]をクリックし、[面取り寸法]を選択します。

❷ [ステータスバー]の[極トラック]を右クリックし、[設定]を選択します。

❸ [設定]ダイアログが表示されます。

❹ 極角度を**45**と入力し[Enter]キーを押します。

❺ ダイアログを閉じます。

❻ [マルチ引出線]コマンドをクリック。

❼ 図の[中点]をクリック。

❽ 45°の方向にカーソルを移動し仮想線に合わせます。

❾ 図の位置でクリック。

※引出線の長さが6mm未満の場合は、矢印がなくなるのでご注意ください。

※文字が入力できる状態です。

❿ **C1**と入力します。

⓫ [文字フォーマッティング]ダイアログの[OK]をクリック。

⓬ 同様に面取り寸法を記入します。

※引出線の長さの目安

　左の面取り寸法:11mm以上

　右の面取り寸法:12mm以上(12mmより短いと寸法補助線に文字が重なります)。

▶ 面取り寸法が記入できました。

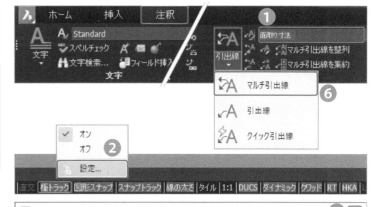

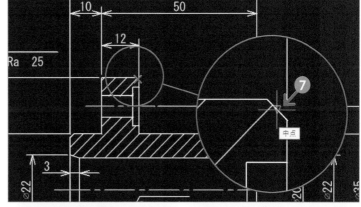

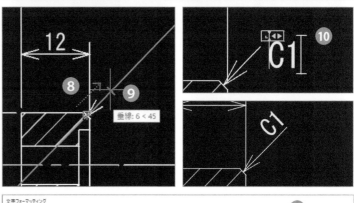

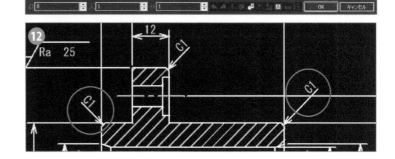

作業箇所

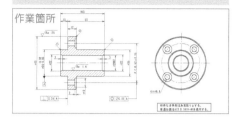

複数行の注記を記入します。

❶[注釈]タブ→[文字]パネル→[文字]コマンドの▼をクリック。

❷[マルチテキスト]コマンドをクリック。

※一度使用したコマンドがアクティブになります。

❸図の位置でクリック。

❹図の位置でクリック。

※大きさは任意です。

❺[文字フォーマッティング]ダイアログが表示されてマルチテキストの枠ができ、カーソルの位置に文字が入力できる状態になります。

❻[文字フォーマッティング]ダイアログの文字高さをクリックし、3と入力します。

❼図のように文字を入力します。

指示なき角部は糸面取りとする。
普通公差はJIS B 0419-mKを適用する。

❽[OK]をクリック。

▶注記が記入できました。

❾[ガイドブッシュ.dwg]を上書き保存します。

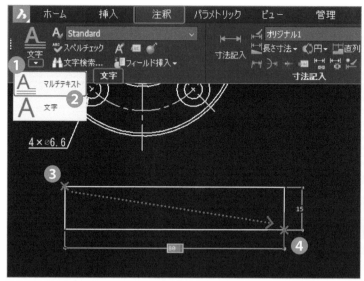

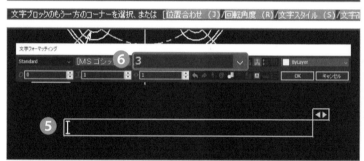

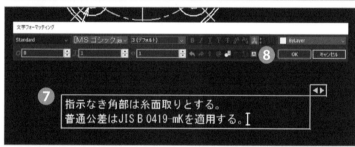

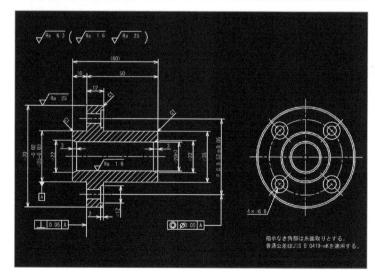

02

02-1  マルチテキスト [mtext]/ 文字 [text]

コマンド

リボン ➡ [注釈] タブ → [文字] パネル

アイコン ➡

コマンド入力 ➡ mtext / text [Enter]
メニューバー ➡ [作成] → [マルチテキスト][文字]

機　能

マルチテキスト：複数行の文章を作成します。
文字：文字を1行分作成します。文字列には回転角度が指定できます。

Chapter 7

1 1行の文字を記入する

A 文字

●[注釈]タブ→[文字]パネル→[文字]コマンドをクリック。

●文字の始点をクリック。

●文字の高さ**2.5**と入力し[Enter]キーを押します。

●文字列の回転角度を**0**と入力し[Enter]キーを押します。

●文字が入力できる状態になります。

●文字を入力します。

●[Enter]キーを2回押します。

≪1回目の[Enter]キーで改行になり、2回目の[Enter]キーで文字が確定します。

▶文字の入力が確定しました。

≪文字を編集するには文字の上でダブルクリックします。

≪入力確定後に文字を選択するとグリップが表示されます。このグリップをクリックして文字を移動できます。

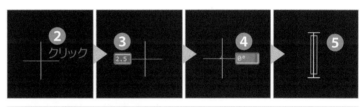

文字：スタイル(S)/両端揃え(A)/フィット(F)/中心(C)/中央(M)/右(R)/位置合わせ(J)/<始点>：

文字高 <2.5>：

回転角度 <0>：

※［文字］コマンドで［Enter］キーを
使って改行した場合、1行ごとに
独立した文字列になります。

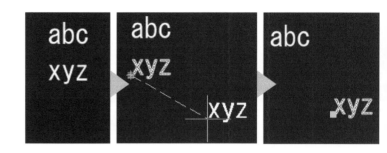

2 複数行の文字を記入する

A マルチテキスト

※マルチテキストは、最初に文章を
作成したい範囲を任意の大きさの
矩形で指定します。

❶［注釈］タブ→［文字］パネル→［マ
ルチテキスト］コマンドをクリック。

❷文章を作成する［最初のコーナー］
をクリック。

❸［もう一方のコーナー］をクリック。

❹マルチテキストの枠ができ、カーソ
ルの位置に文字が入力できる状
態になります。文字を入力します。

※［文字フォーマッティング］ダイアロ
グで文字スタイル、フォント文字サ
イズなどを変更できます。

❺［OK］をクリック。

▶マルチテキストが確定しました。

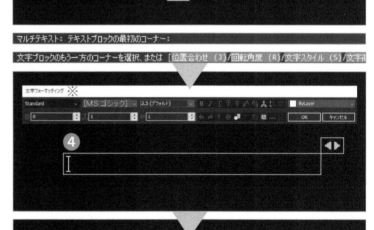

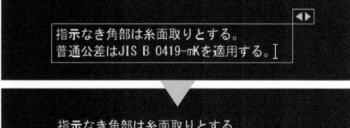

※入力確定後に文字を選択すると表
示されるグリップで文字を移動で
きます。

　［文字］コマンドと異なり複数の行
が1つのまとまりになっていること
が確認できます。

※文字を編集するには文字の上でダ
ブルクリックします。

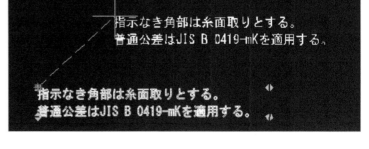

図面の印刷・テンプレート作成

BricsCAD

01

A4 図枠を作成する

A4 用紙に印刷するための図枠を作成します。

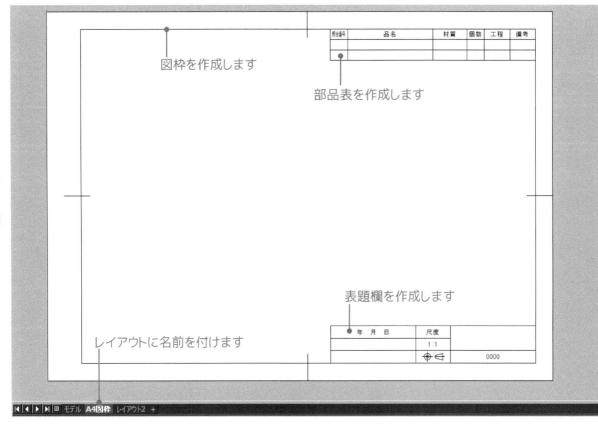

図枠を作成します

部品表を作成します

表題欄を作成します

レイアウトに名前を付けます

年　月　日		尺度		
		1:1		
		◈ ⊏		0000

モデル　**A4図枠**　レイアウト2　+

Chapter 8

作図ナビ

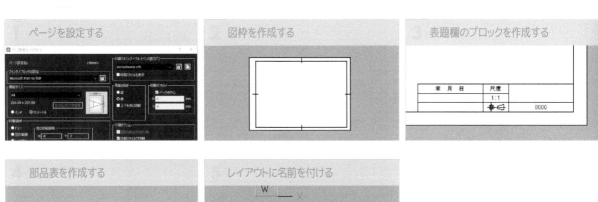

ページを設定する

図枠を作成する

表題欄のブロックを作成する

部品表を作成する

レイアウトに名前を付ける

1 ページを設定する

印刷用のレイアウトを作成するため、タブを切替えます。

❶ [ガイドブッシュ.dwg]を開きます。

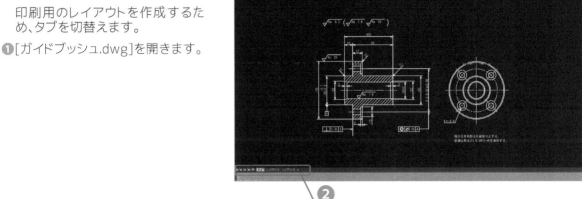

❷ 画面左下の[レイアウト1]タブをクリック。

❸ 画面がレイアウト1に切替わります。

※レイアウト1は、印刷のための設定をする作業領域(ペーパー空間)です。タブを追加することで複数作成できます。個々のタブを「レイアウト」と呼びます。

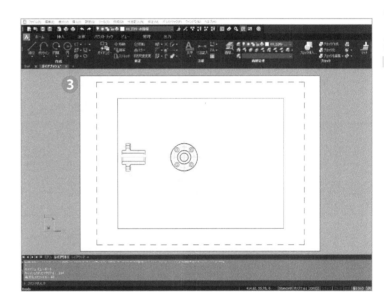

■ モデル空間とペーパー空間

BricsCADのファイルには、モデル空間とペーパー空間の2つの作業領域があり、画面下のタブで切替えます。モデル空間は図形を作成する作業領域、ペーパー空間は図形を印刷するための設定をする作業領域です。ペーパー空間からは、「ビューポート」という覗き窓を通してモデル空間を見ることができます。ビューポートで、表示する図形の範囲や大きさ(尺度)を設定し、図枠や表、注記などを追加して印刷のレイアウトを作成します。

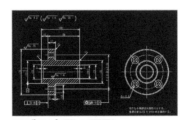
モデル空間の図形

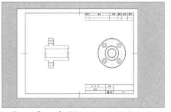
ペーパー空間 (レイアウト)

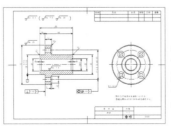

用紙に印刷すると
モデル空間にある図形がビューポートを通してレイアウトに表示され、表示されたモデルとレイアウトが用紙に印刷されます。

画層を図枠用に切替えて、図枠を作成します。

④ [ホーム]タブ →[画層管理]パネル →[画層コントロール]をクリックし [08_図枠・表題欄]を選択します。

⑤ [プロパティ管理]パネルの[色] [線の太さ]、[線種]が[ByLayer] になっていることを確認します。

⑥ [ホーム]タブ →[作成]パネル →[長方形]コマンドをクリック。

⑦ 任意の位置でクリック。

⑧ キーボードから**297,210**と入力し [Enter]キーを押します。

▶ A4横サイズ(297,210)の長方形 が描けました。

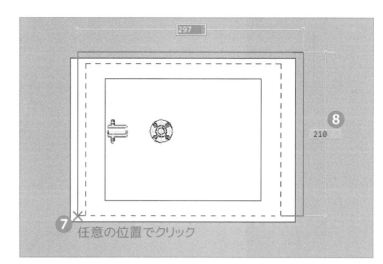

ページの設定をします。

⑨ [出力]タブ →[出力]パネル →[ペー ジ設定]コマンドをクリック。

⑩ [図面エクスプローラ]の[ページ設 定]が開きます。

⑪ [レイアウト1]が選択されているこ とを確認し、[ページ設定の編集] をクリック。

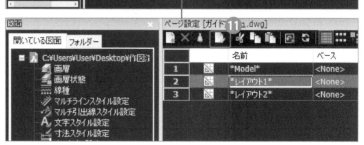

⑫[ページ設定[レイアウト1]]ダイアログが表示されます。

⑬プリンタを選択します。

※ご使用の環境に合わせたプリンタを選択してください。

⑭用紙サイズに[A4]を選択します。

⑮印刷領域の[窓]を選択します。

⑯[印刷領域を選択]アイコンをクリック。

⑰表示がレイアウトに切替わります。

⑱❽で描いた図の長方形の角[端点]をクリック。

⑲図の長方形の角[端点]をクリック。

⑳[ページ設定 [レイアウト1]]ダイアログが再表示されます。

㉑印刷スタイルテーブルに[monochrome.ctb]を選択します。

※[monochrome.ctb]は白黒印刷用の印刷スタイルテーブルです。

㉒図面の向きに[横]を選択します。

㉓印刷オフセットの[ページの中心]にチェックを入れます。

㉔[OK]をクリック。

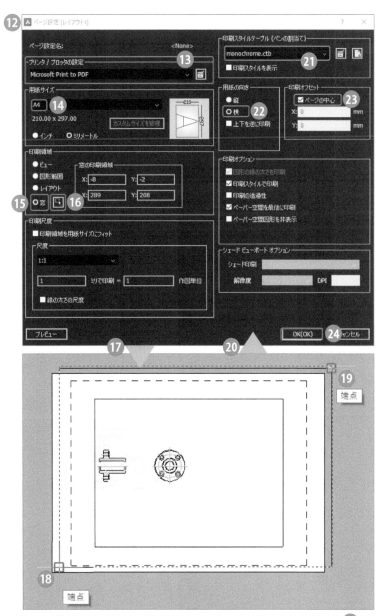

㉕[図面エクスプローラ]の[ページ設定]が再表示されます。

㉖[閉じる]をクリック。

▶印刷のページの設定ができました。

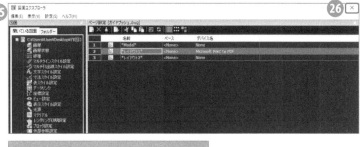

A4 用紙の輪郭に描いた長方形が一致しました

153

2 図枠を作成する

図枠を作成しやすくするため、図枠以外の画層を非表示にします。

※[画層選択表示]コマンドは指定画層以外を一括で非表示、もしくはロックできるコマンドです。初期設定は[ロック]のため、[非表示]の設定に変更します。

❶[ホーム]タブ →[画層管理]パネル →[画層選択表示]コマンドをクリック。

❷オプションの[設定(S)]を選択し[Enter]キーで確定します。

❸オプションの[オフ(O)]を選択し[Enter]キーで確定します。

❹オプションの[オフ(O)]を選択して[Enter]キーで確定します。

※[08_図枠・表題欄]画層以外を非表示にします。

❺図の長方形をクリック。

❻[Enter]キーで確定します。

▶[08_図枠・表題欄]画層以外が非表示になりました。

レイアウトにA4の輪郭、中心マークを作成します。

❼図の長方形をクリック。

❽[ホーム]タブ →[修正]パネル →[分解]コマンドをクリック。

▶線分に分解できました。

❾[修正]パネル →[オフセット]コマンドで線分をオフセットします。

※左側はとじ代のため20mmとります。

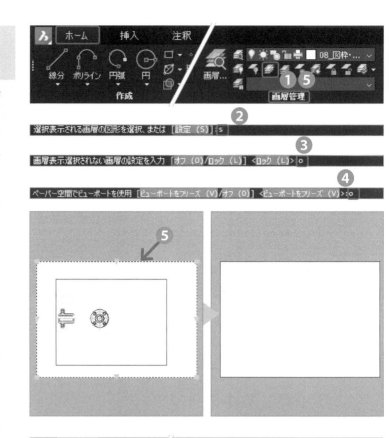

選択表示される画層の図形を選択、または [設定 (S)] : s

画層表示選択されない画層の設定を入力 [オフ (O)/ロック (L)] <ロック (L)> : o

ペーパー空間でビューポートを使用 [ビューポートをフリーズ (V)/オフ (O)] <ビューポートをフリーズ (V)> : o

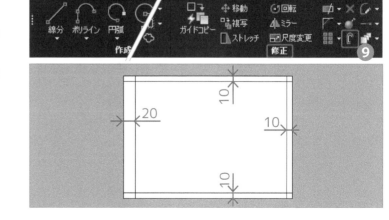

Chapter 8

⑩ [ホーム]タブ→[修正]パネル
→[トリム]コマンドをクリック。

⑪ 図のように形を整えます。

※内側の長方形が輪郭線になります。

⑫ オフセット元の図の線分(4本)を
選択し、[Delete]キーで削除しま
す。

図枠の中心マークを作成します。

⑬ 図枠の4つの辺の中点から枠の外
側にそれぞれ垂直に10mmの線
分を引きます。

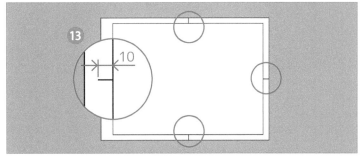

⑭ [修正]パネル→[長さ変更]コマン
ドをクリック。

⑮ オプションの[増分(I)]を選択し
[Enter]キーを押します。

長さの編集:長さをリストする図形を選択するか、[ダイナミック(DY)/増分(I)/パーセント(P)/合計(T)]:i

⑯ 5と入力して[Enter]キーを押しま
す。

増分長さを入力、または[角度(A)]<0>:5

※5mm伸ばします。

⑰ 中心線の4本をクリック。

※延長する側の端点に近いところを
クリックします。

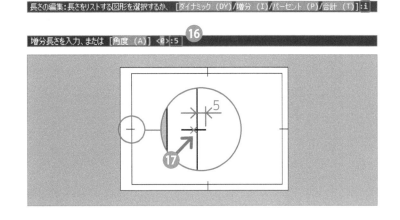

線の太さを変更します。

⑱図の線分を選択します。

⑲[ホーム]タブ→[プロパティ管理]パネル→[線の太さのコントロール]の∨をクリック。

⑳[0.50mm]を選択します。

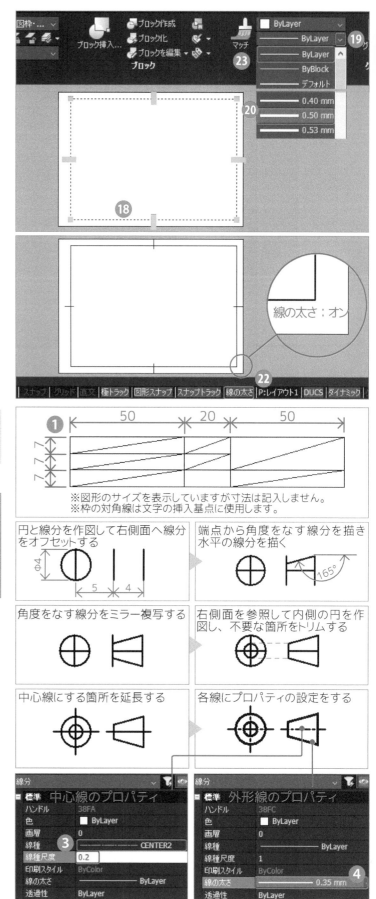

⑳[Esc]キーを押して選択を解除します。

㉒[ステータスバー]の[線の太さ]をクリックし、オンにします。

※線の太さが確認できます。

▶図枠の輪郭ができました。

㉓[プロパティ管理]パネル→[線の太さのコントロール]の∨をクリックして[ByLayer]を選択します。

線の太さ：オン

3 表題欄のブロックを作成する

表題欄をブロックで作成し配置します。

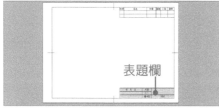

表題欄

※表題欄は後で移動するため、空いているスペースに作成します。

❶表題欄の枠の図形を[線分][オフセット]コマンドを使用し作図します。

❷第三角法を表す記号を作図します。

※第三角法の記号は後で表の枠内に移動するため、空いているスペースに作成します。

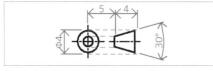

❸中心線を選択し[プロパティパネル]→[線種]→[CENTER2]に、[線種尺度]→0.2に設定します。

❹外形線を選択し[プロパティパネル]→[線の太さ]→[0.35mm]に設定します。

※図形のサイズを表示していますが寸法は記入しません。
※枠の対角線は文字の挿入基点に使用します。

円と線分を作図して右側面へ線分をオフセットする

端点から角度をなす線分を描き水平の線分を描く

角度をなす線分をミラー複写する

右側面を参照して内側の円を作図し、不要な箇所をトリムする

中心線にする箇所を延長する

各線にプロパティの設定をする

線分	中心線のプロパティ	
ハンドル	38FA	
色	ByLayer	
画層	0	
線種 ❸	CENTER2	
線種尺度	0.2	
印刷スタイル	ByColor	
線の太さ	ByLayer	
透過性	ByLayer	

線分	外形線のプロパティ	
ハンドル	38FC	
色	ByLayer	
画層	0	
線種	ByLayer	
線種尺度	1	
印刷スタイル	ByColor	
線の太さ ❹	0.35 mm	
透過性	ByLayer	

⑤第三角法を表す記号を図の位置
へ移動します。

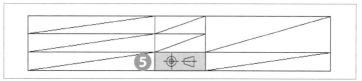

文字を配置します。

⑥[注釈]タブ→[文字]パネル→[文
字]コマンドをクリック

⑦オプションの[位置合わせ(J)]を選
択し[Enter]キーを押します。

⑧オプションの[中中(MC)]を選択し
[Enter]キーを押します。

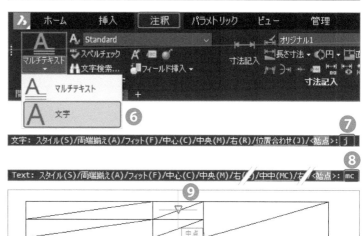

⑨図の線分の[中点]をクリック。

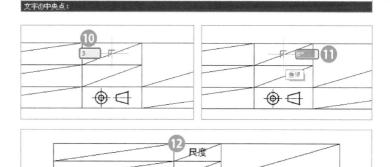

⑩文字の高さ3と入力し[Enter]キー
を押します。

⑪回転角度は0°のまま[Enter]キー
を押します。

⑫尺度と入力し[Enter]キーを2回押
します。

※1回目の[Enter]キーで改行にな
り、2回目の[Enter]キーで文字が
確定します。

⑬[ホーム]タブ→[修正]パネル
→[複写]コマンドで[尺度]の文字
を図の位置に複写します。

⑭複写した文字をダブルクリックして
社名を入力します。

※社名は任意の名称で構いません。

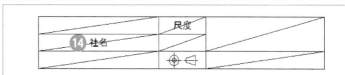

図の文字に属性定義をします。

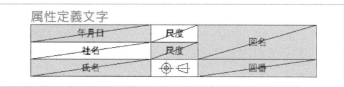

[図番]の属性定義をします。

⑮ [ホーム]タブ→[ブロック]パネル→[属性定義]コマンドをクリック。

⑯ [属性定義]ダイアログが表示されます。

⑰ 属性の名称を**図番**と入力します。

⑱ プロンプトに**図面番号を入力してください。**と入力します。

⑲ デフォルトに**0000**と入力します。

⑳ 位置合わせに[中中]を選択します。

㉑ [異尺度対応]にチェックを入れます。

㉒ 文字高さに**3**と入力します。

㉓ 座標を挿入の図の位置をクリック。

▶ 文字を挿入できる状態になります。

㉔ 図の[中点]をクリック。

㉕ [属性定義]ダイアログが再表示されます。

㉖ [OK]をクリック。

▶ 属性を持った文字が配置できました。

[図番]

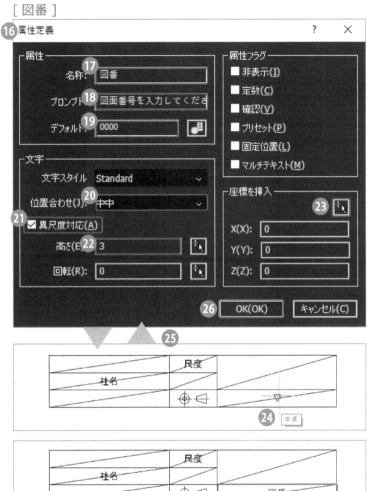

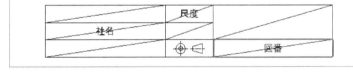

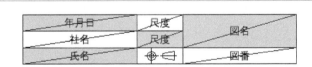

年月日	尺度	図名
社名	尺度	
氏名	⊕ ⊲	図番

表題欄をブロックとして挿入した時や属性編集の時に、属性定義の逆の順番（[年月日]→[図番]）で文字の入力を求められます。

図番の属性定義と同様の手順で、[図名][尺度][氏名][年月日]の属性定義をします。

㉗ [図名]の属性定義をします。

名称：**図名**

プロンプト：**図名を入力してください。**

デフォルト：空欄

※文字の項目はすべて図番と同様です。

㉘ [尺度]の属性定義をします。

名称：**尺度**

プロンプト：**尺度を入力してください。**

デフォルト：**1:1**

[図名]

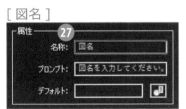

[尺度]

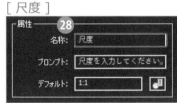

㉙[氏名]の属性定義をします。

名称:**氏名**

プロンプト:**製作者氏名を入力してください。**

デフォルト:空欄

㉚[年月日]の属性定義をします。

名称:**年月日**

プロンプト:**製作年月日を入力してください。**

デフォルト:**年 月 日**

▶属性を持った文字が配置できました。

㉛文字を挿入するための基点用に描いた線を削除します。

㉜図の線を選択し、[線の太さ]を[0.50mm]にします。

[表題欄]ブロックを作成します。

㉝[ホーム]タブ→[ブロック]パネル→[ブロック作成]コマンドをクリック。

㉞[ブロック定義]ダイアログを図のように設定します。

名前:**表題欄**

ピックポイント:図の[端点]を指定。

図形を選択:表題欄の図形、文字すべてを選択して[Enter]キーを押して図形を確定する。

ブロックへ変換:チェックを入れる。

異尺度対応:チェックを外す。

[OK]をクリック。

※[属性編集]ダイアログボックスが表示されるので、内容を確認し[OK]をクリックしてダイアログを閉じます。

▶表題欄ブロックができました。

[氏名]　　　　　　　　　　[年月日]

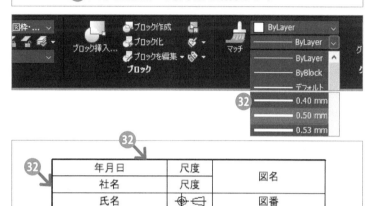

㉛ 文字基点用の対角線を削除します

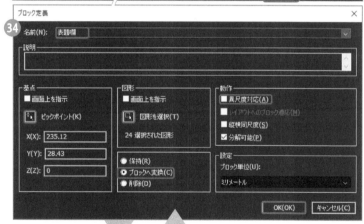

ピックポイント

Chapter 8

表題欄ブロックを輪郭の角に配置します。

㉟ 表題欄のブロックを[ホーム]タブ→[修正]パネル→[移動]コマンドで図の位置に移動します。

▶ 表題欄が配置できました。

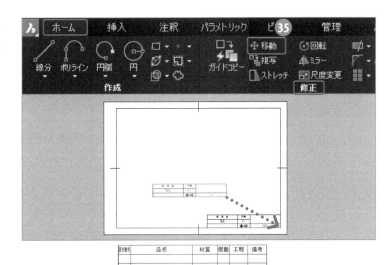

照合番号	品名		材質	個数	工程	備考

4 部品表を作成する

[表]コマンドで部品表を作成して配置します。

部品表

① [注釈]タブ→[表]パネル→[表]コマンドをクリック。

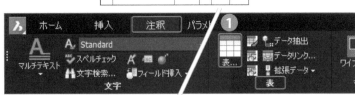

② [表の挿入]ダイアログが表示されます。

③ [セルスタイル]の設定すべてを[データ]に設定します。

④ [列/行設定]を設定します。

列:6

列の幅:20

行データ:1

行の高さ:1

⑤ [OK]をクリック。

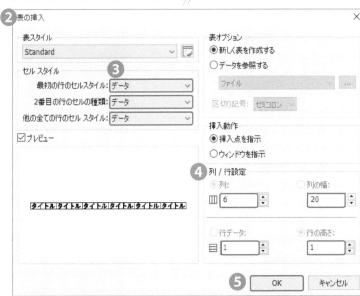

⑥ 任意の位置でクリックして表を挿入します。

⑦ セルをダブルクリックして図のように文字を入力します。

※ [Tab]キーを押すとカーソルが右へ移動します。

⑧ [OK]をクリック。

⑥ 任意の位置でクリックし表を挿入します。

	A	B	C	D	E	F
1						
2						
3						

	A	B	C	D	E	F
1	照合番号	品名	材質	個数	工程	備考
2						
3						

文字幅を変更します。

※照合番号のみ、つぎの設定を行います。

⑨照合番号の文字をダブルクリック後、ドラッグして選択します。

⑩[文字フォーマッティング]ダイアログの文字幅を[0.5]に変更します。

⑪[OK]をクリック。

⑫照合番号の文字幅が変わりました。

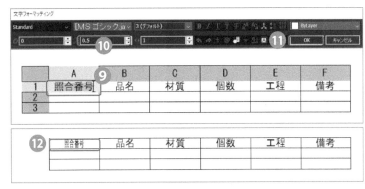

表の外側の罫線を太く変更します。

⑬表のセルA1からF3までをドラッグして選択します。

⑭[表]ダイアログの[境界スタイルの設定]をクリック。

⑮[セル罫線プロパティ]ダイアログが表示されます。

⑯線の太さを[0.50]に変更します。

⑰[外側の罫線]をクリック。

⑱[OK]をクリック。

▶外側の罫線が太くなりました。

※線の太さの表示は[ステータスバー]の[線の太さ]をオン/オフで切替えできます。

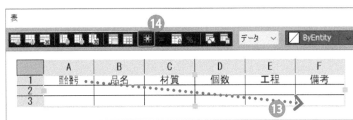

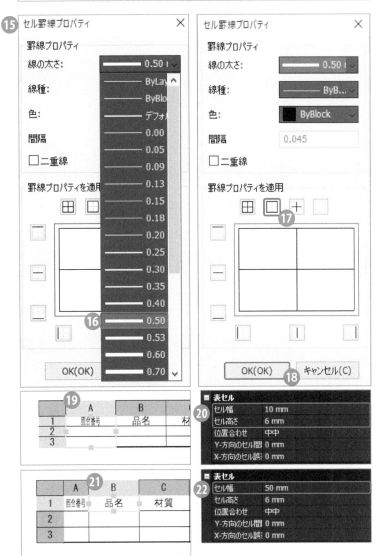

セルの幅と高さを設定します。

⑲セルA1からA3をドラッグして選択します。

⑳[プロパティパネル]→[セル幅]と[セル高さ]を図のように設定します。

セル幅: 10mm、セル高さ: 6mm

㉑セルB1をクリック。

㉒[プロパティパネル]の[セル幅]を図のように設定します。

セル幅: 50mm

㉓同様にC,D,E,Fの列幅を設定し、図のような部品表を完成させましょう。

㉔[ホーム]タブ→[修正]パネル→[移動]コマンドで部品表を図の位置に移動します。

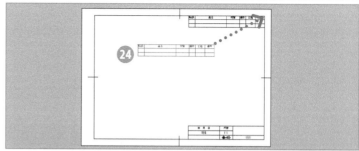

照合番号	品名	材質	個数	工程	備考

非表示画層を表示します。

㉕[ホーム]タブ→[画層管理]パネル→[画層選択表示解除]をクリック。

▶すべての画層が表示されました。

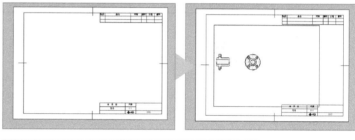

5 レイアウトに名前を付ける

作成した A4 図枠用レイアウトの名前を変更します。

❶[モデル/レイアウト]タブの図のアイコンをクリック。

❷[レイアウト管理]ダイアログが表示されます。

❸レイアウト名の[レイアウト1]を選択します。

❹A4図枠と入力します。

❺[OK]をクリック。

▶[レイアウト1]の名前を[A4図枠]に変更できました。

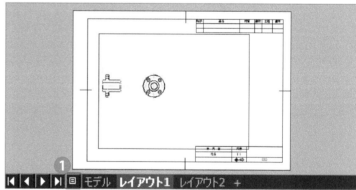

Chapter 8

図面を印刷する

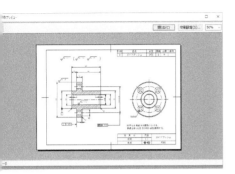

A4用紙の図枠にガイドブッシュの図を1：1のスケールで表示して印刷します。

1 ビューポートの大きさと画層を変更する

デフォルトで用意されているビューポートの大きさと画層を変更します。

❶図の長方形(ビューポート)をクリック。

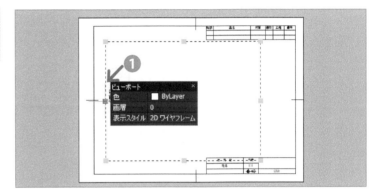

❷グリッドを移動し、ビューポートの大きさを図のように変更します。

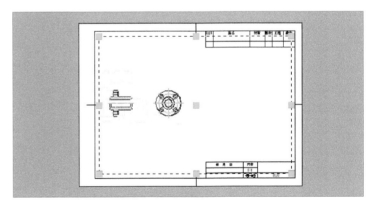

■ビューポートとは

ビューポートは、ペーパー空間（レイアウト）にモデルを表示させるための図形で、この図形を通してモデル空間が見える覗き窓のような役割をします。ビューポートの大きさや位置を変えることで、図面のレイアウトを変更したり、表示されるモデルの範囲や尺度を変えることができます。

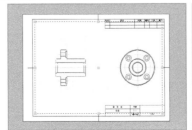

ビューポートの尺度1：1

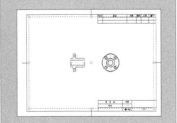

ビューポートの尺度1：2

同じ図形でもビューポートの尺度を変更することで、印刷時の大きさを変えられます。

ビューポートの画層を変更します。

❸[ホーム]タブ→[画層管理]パネル→[画層コントロール]で画層を[09_ビューポート]に変更します。

▶ビューポートの画層が[09_ビューポート]になりました。

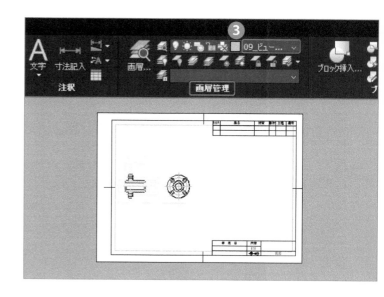

2 レイアウトをコピーする

ガイドブッシュ用のレイアウトをコピーします。

※レイアウト[A4図枠]はひな形として取っておきます。

❶[モデル/レイアウト]タブの図のアイコンをクリック。

❷[レイアウト管理]ダイアログが表示されます。

❸[A4図枠]をクリック。

❹[選択したレイアウトをコピー]をクリック。

❺[A4図枠(2)]が追加されます。

❻レイアウト名の[A4図枠(2)]を選択します。

❼**ガイドブッシュ**と入力します。

❽[OK]をクリック。

❾レイアウト[A4図枠]を元にレイアウト[ガイドブッシュ]が作成できました。

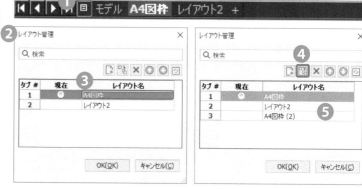

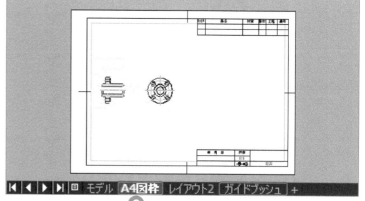

3 表題欄の編集をする

印刷用にレイアウト[ガイドブッシュ]の表題欄と部品表を編集します。

※[モデル/レイアウト]タブを[ガイドブッシュ]に切替えて作業します。

❶[モデル/レイアウト]タブの[ガイドブッシュ]をクリック。

表題欄の文字を編集します。

❷[ホーム]タブ→[ブロック]パネル→[属性一括編集]コマンドの▼をクリック。

❸[属性編集]コマンドをクリック。

❹表題欄のブロックをクリック。

※ブロックの属性編集ができるようになります。

※ブロックをダブルクリックしても属性編集ができます。

❺[拡張属性編集　ブロック:表題欄]ダイアログが表示されます。

※年月日の値が変更できます。

❻[年　月　日]の値に日付を入力し、[Enter]キーを押します。

※[Enter]キーで値を確定するごとに、[年月日][氏名][尺度][図名][図番]の順に入力項目が切替わります。

❼氏名の値に**氏名**と入力して[Enter]キーを押します。

※[氏名]は任意に変更してください。

❽尺度の値は[1:1]のまま[Enter]キーを押します。

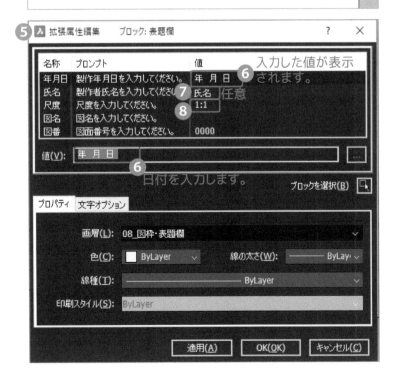

❾図名の値に**ガイドブッシュ**と入力して[Enter]キーを押します。

❿図番の値に**P003**と入力して[Enter]キーを押します。

⓫[適用]をクリック。

※編集した文字が反映します。

⓬[OK]をクリック。

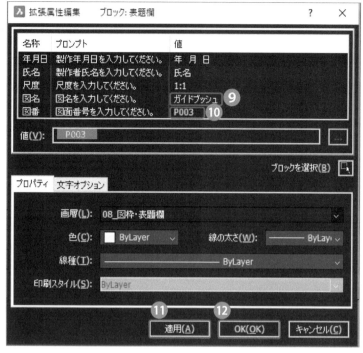

▶表題欄の文字が図のように編集できました。

部品表の編集をする

部品表の編集をします。

※行数を減らします。

❶図のセルをクリック。

❷[表]ダイアログが表示されます。

❸[行を削除]をクリック。

❹選択した行が削除できます。

※文字を入力します。

❺図のセルをダブルクリック。

※文字入力のカーソルに変わります。

❻3と入力し[Tab]キーを押します。

※[Tab]キーを押すとカーソルが右
へ移動します。

❼品名に**ガイドブッシュ**と入力し
[Tab]キーを押します。

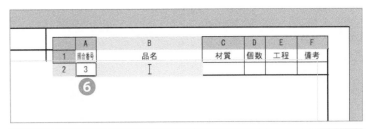

❽材質に**S45C**と入力し[Tab]キーを
押します。

❾個数に**2**と入力し[Tab]キーを押し
ます。

❿工程に**キ**と入力します。

⓫[OK]をクリック。

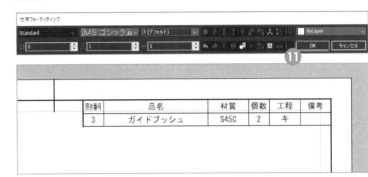

▶部品表が編集できました。

照合番号	品名	材質	個数	工程	備考
3	ガイドブッシュ	S45C	2	キ	

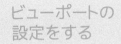

5 ビューポートの設定をする

ビューポート内の尺度を変更しま
す。

❶ビューポートをクリック。

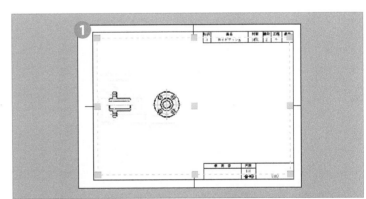

❷画面右の[プロパティパネル]に、
ビューポートのプロパティが表示
されます。

❸その他の[標準尺度]をクリックし
[1:1]を選択します。

❹選択した尺度で図形が表示されま
す。

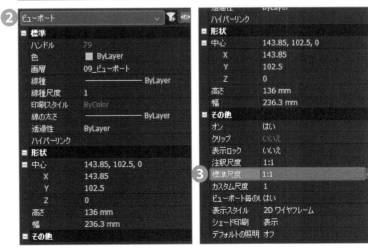

ビューポート内に見えるモデル空間の表示位置を調整します。

❺ビューポートの枠の中でダブルクリック。

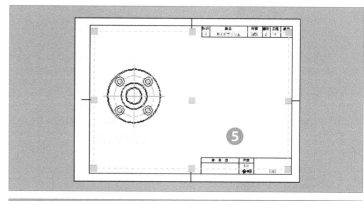

❻ビューポートの枠が太く表示されます。

※モデル空間の編集ができるようになります。

※ビューポートの外でダブルクリックするとレイアウトの編集ができるようになります。

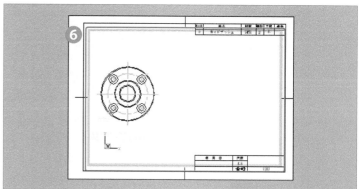

❼ホイールボタンをドラッグして画面を移動し図形の位置を調節します。

※ホイールボタンを前後に回転すると拡大・縮小になり、標準尺度が変わります。標準尺度が変わってしまった場合は❶～❸の操作を行ってください。

❽ビューポートの外でダブルクリックして、レイアウトの編集に戻ります。

ダブル
クリック
❽

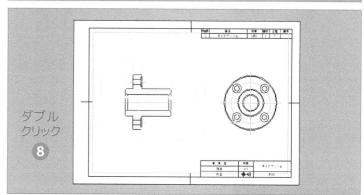

❾ビューポートをクリックしプロパティの設定をします。

❿[プロパティパネル]→[その他]→[表示ロック]を[はい]に変更します。

※表示ロックするとビューポートの尺度や表示が固定され変更できなくなります。変更したい場合は、表示ロックを[いいえ]に切替えます。

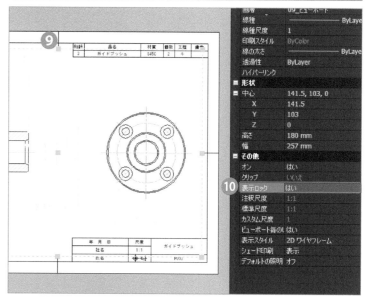

6 レイアウトを印刷する

編集したレイアウト [ガイドブッシュ] を印刷します。

❶[出力]タブ→[出力]パネル→[印刷]コマンドをクリック。

❷[印刷[ガイドブッシュ]]ダイアログが表示されます。

❸[プレビュー]をクリック。

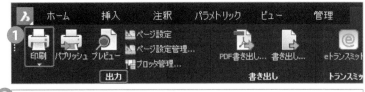

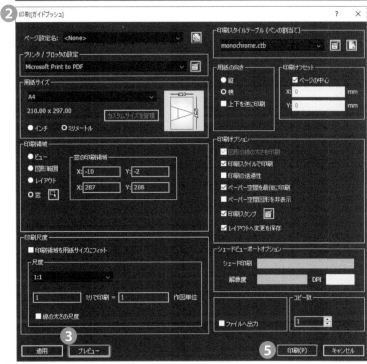

❹プレビュー画面が表示されます。

※印刷設定の変更をする場合は、画面右上の[印刷設定]または[閉じる]をクリックして設定を変更後、再び[プレビュー]をクリックします。

❺画面左上の[印刷]をクリック。

▶レイアウトが印刷されます。

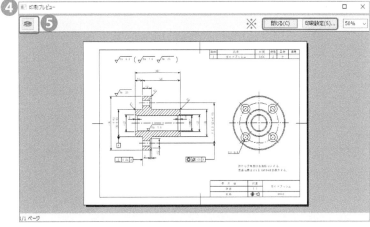

▶ガイドブッシュ部品図の完成です。

❻[ガイドブッシュ.dwg]を上書き保存します。

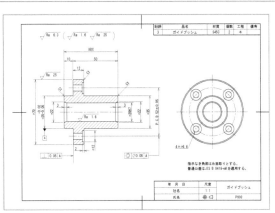

03

テンプレート

新規に図面を作成する時に、毎回スタイルの設定をするのは手間がかかります。そこで、通常使うスタイル設定をあらかじめ登録しておきます。このように[新規作成]で図面を開く時に元にするひな形図面を[テンプレート]といいます。

図面テンプレート（.dwt）はスタイル設定などが登録されているファイルが呼び出され、ファイル名が drawing1.dwg(通常の図面ファイル) となります。その図面ファイルを保存しても、テンプレートにはその変更内容は上書きされません。

1 テンプレートを作成する

[ガイドブッシュ.dwg]をテンプレート(.dwt)として保存します。

※[ガイドブッシュ.dwg]を開きます。

❶[ツールバー]の[名前を付けて保存]をクリック。

❷[図面に名前を付けて保存]ダイアログが表示されます。

❸保存する場所に[デスクトップ]の[作図演習]フォルダを選択します。

❹ファイル名を**オリジナル**と入力します。

❺ファイルの種類を[図面テンプレート(.dwt)]に変更します。

❻[保存]をクリック。

テンプレートとして不要なものを削除します。

❼[モデル/レイアウト]タブの図のアイコンをクリック。

❽[レイアウト管理]ダイアログが表示されます。

❾[レイアウト2]をクリックし、続けて[Shift]キーを押しながら[ガイドブッシュ]をクリック。

❿[1つまたは複数のレイアウトを削除します]をクリック。

⓫[OK]をクリック。

▶[モデル/レイアウト]タブが[モデル]と[A4図枠]のみになりました。

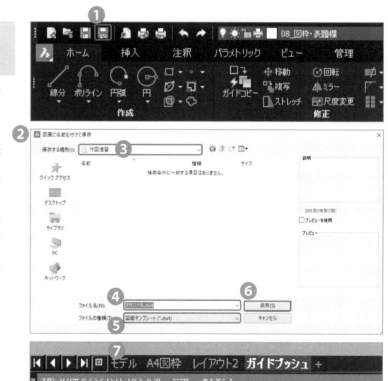

⑫[モデル/レイアウト]タブの[モデ
ル]をクリック。

▶モデル空間が表示されます。

⑬[メニューバー]→[編集]→[すべ
て選択]をクリック。

⑭モデル空間のすべての図形が選
択されます。

⑮[Delete]キーを押して選択した図
形を削除します。

⑯作図ウィンドウ上でマウスのホイー
ルボタンをダブルクリックします。

※図面範囲がデフォルトの420mm×297
mm（A3サイズ）になり、テンプレート
から新規図面を作成する際には作図
ウィンドウがA3サイズになります。

設定がつぎのような状態になって
いるかを確認します。

⑰画層コントロール
[0]

※各画層の表示、ロック、フリーズを
すべてオフにします。

⑱[プロパティ管理]パネルがすべて
[ByLayer]

⑲文字スタイルコントロール
[Standard]

⑳寸法スタイルコントロール

[オリジナル1]

㉑マルチ引出線スタイルコントロール
[Standard]

㉒[ステータスバー]の線の太さ
[オフ]

㉓[オリジナル.dwt]を上書き保存し
ます。

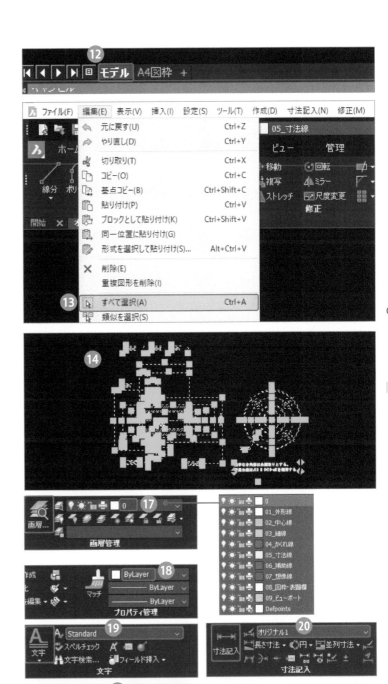

2 テンプレートから新規図面を作成する

保存した[オリジナル.dwt]をテンプレートとした[.dwg]ファイルを新規作成します。

❶ [メニューバー]→[ファイル]→[新規作成ウィザード]をクリック。

❷ [新規図面を作成]ダイアログが表示されます。

❸ [テンプレートから開始]を選択します。

❹ [次へ]をクリック。

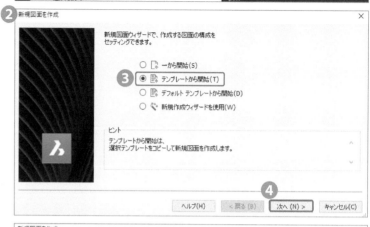

❺ [デフォルトとして選択テンプレートを使用]にチェックを入れます。

※チェックを入れると次回から新規図面を開くと[オリジナル.dwt]をテンプレートとした図面になります。

❻ [ブラウズ]をクリック。

❼ [テンプレートファイルを選択]ダイアログが表示されます。

❽ ファイルの場所に[デスクトップ]の[作図演習]フォルダを選択します。

❾ ファイル名に[オリジナル.dwt]を選択します。

❿ [開く]をクリック。

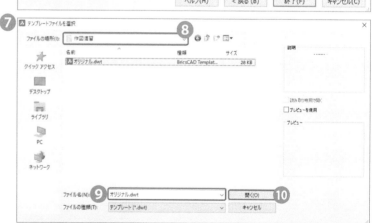

⓫ [オリジナル.dwt]をテンプレートとした新規図面(Drawing1.dwg)が作成できました。

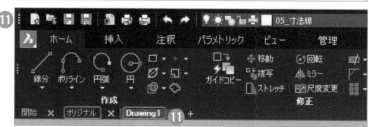

テンプレートを確認する

3

テンプレートとして正しく作成できているか確認します。

❶ 画面左下[A4図枠]タブをクリックし、レイアウトが作成した図枠と同じかを確認します。

❷ [管理]タブ→[カスタマイズ]パネル→[図面エクスプローラ]をクリック。

❸ [図面エクスプローラ]が表示されます。

※図の各項目をクリックし設定を確認します。

確認項目

　画層

　マルチ引出線スタイル設定

　文字スタイル設定

　寸法スタイル設定

　表スタイル設定

　ブロック設定

　ページ設定

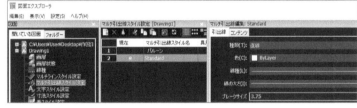

■デフォルトテンプレートの保存先

❶ [管理]タブ→[カスタマイズ]パネル→[設定]コマンドをクリック。

❷ [設定]ダイアログに[テンプレートパス]と入力して検索します。

❸ 現在のデフォルトテンプレートの保存フォルダが表示されます。

❸のフォルダに自身で作成したテンプレートファイル(.dwt)を保存すると新規ファイル作成時にテンプレートとして選択が可能です。

■ A3 図枠の作り方

❶ [レイアウト管理]で[A3図枠]レイアウトを追加します(P164参照)。

- [A4図枠]をコピーする。

- コピーしたレイアウトの名前を[A3図枠]に変更する。

❷ [A3図枠]レイアウトに輪郭、中心マークを作図し、表題欄・部品表を配置します。

※ [A4図枠]レイアウトをコピーしているため、A4用の輪郭、中心マークの図形を編集して作成するか、[A4図枠]レイアウトの作成手順を参考にA3用を作成します(P154参照)。

※ 印刷領域の設定は図枠作成途中でも設定できます。

- A3用紙サイズ:**420×297**の輪郭中心マークを作図する。

- 表題欄、部品表を移動する。

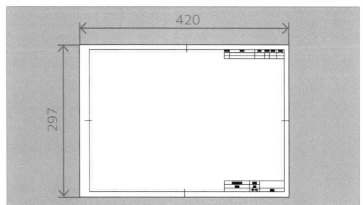

❸ [ページ設定の編集]で印刷の設定をします(P152、153参照)。

- 用紙サイズ:A3

- 印刷領域に[窓]を選択し、420×297サイズの長方形の対角の端点をクリック。

❹ [オリジナル.dwt]に上書き保存をします。

※ A4図枠のあるテンプレート[オリジナル.dwt]に上書き保存すると[A4図枠]、[A3図枠]の設定があるテンプレートができます。

テンプレートの保存方法はP170を参照ください。

■作図演習課題　作成したテンプレートを用いて部品図の作図演習をしましょう(図面はP210〜参照)。

○ダイセット下側部品図

○ダイセット上側部品図

○ガイドポスト部品図

組立図

BricsCAD

Visual Index　組立図「ダイセット」

ガイドブッシュをダイセットに組付け、組立図を作成します。

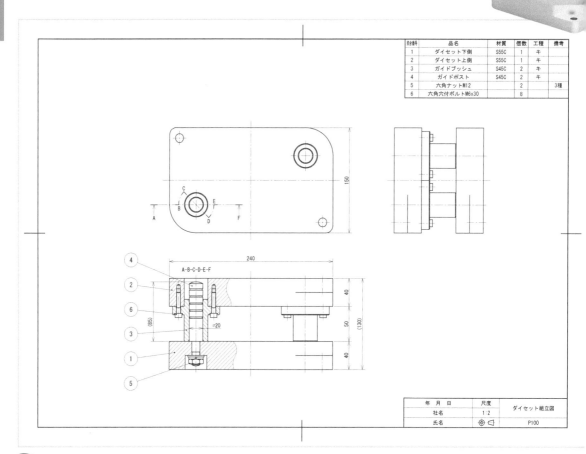

照合番号	品名	材質	個数	工程	備考
1	ダイセット下側	S55C	1	キ	
2	ダイセット上側	S55C	1	キ	
3	ガイドブッシュ	S45C	2	キ	
4	ガイドポスト	S45C	2	キ	
5	六角ナットM12		2		3種
6	六角穴付ボルトM6x30		8		

年　月　日		尺度	ダイセット組立図
社名		1:2	
氏名	◎ ◁		P100

01 部品を組立図に配置する

ダイセットにガイドブッシュの図形を取り込み、向きを調整して配置します。

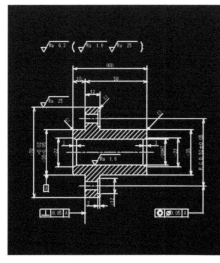

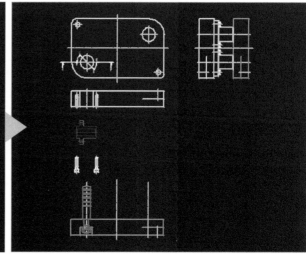

不要となる部品の線を処理します。

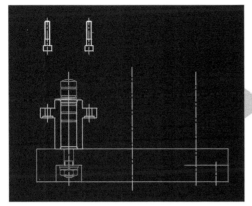 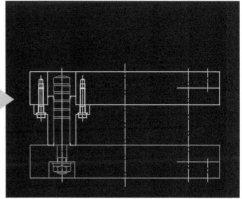

必要な図形を追加して組立図を作成します。

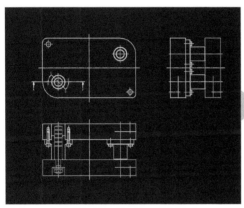 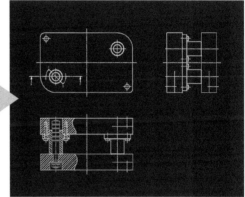

02 組立図を仕上げる

ダイセット組立図に寸法やバルーンを配置して図面を仕上げ、組立図用に表題欄、部品表を編集します。

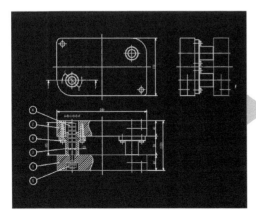 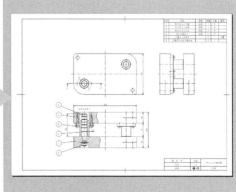

Complete

01

部品を組立図に配置する

ガイドブッシュをダイセットに組付けて組立図を作成します。

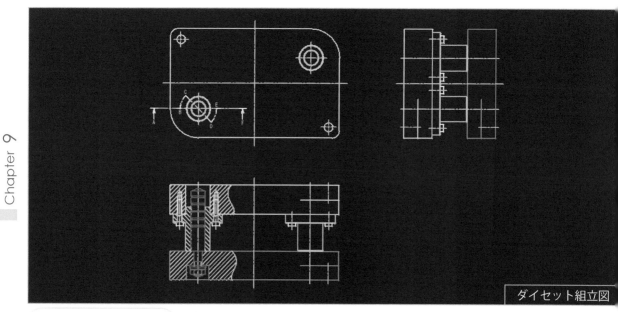

ダイセット組立図

作図ナビ

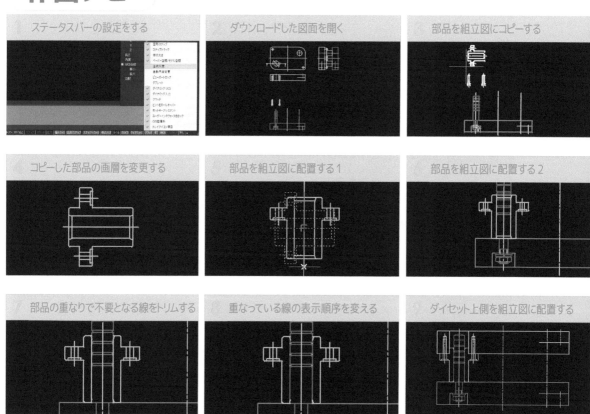

ステータスバーの設定をする	ダウンロードした図面を開く	部品を組立図にコピーする
コピーした部品の画層を変更する	部品を組立図に配置する1	部品を組立図に配置する2
部品の重なりで不要となる線をトリムする	重なっている線の表示順序を変える	ダイセット上側を組立図に配置する

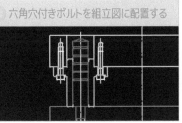
六角穴付きボルトを組立図に配置する

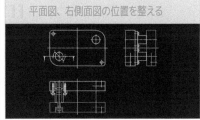
平面図、右側面図の位置を整える

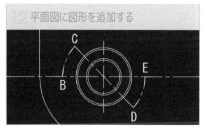
平面図に図形を追加する

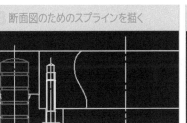
断面図のためのスプラインを描く

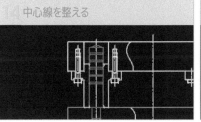
中心線を整える

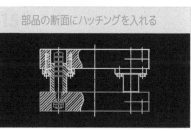
部品の断面にハッチングを入れる

1 ステータスバーの設定をする

[ステータスバー]に組立図で使用する[注釈尺度]を表示します。

❶[ステータスバー]の図の▼をクリック。

❷[注釈尺度]をクリック。

▶[ステータスバー]に注釈尺度[1:1]が表示されました。

※注釈尺度とは、寸法や文字など異尺度対応が必要な図形の尺度です（詳細はP196参照）。

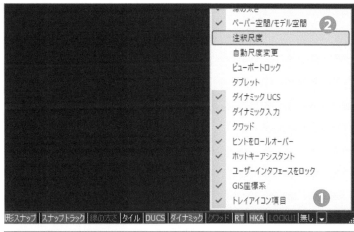

2 ダウンロードした図面を開く

トレーニングファイル
BricsCAD_trainingdata フォルダ
→トレーニングフォルダ
→ダイセット練習 .dwg

ダウンロードした[ダイセット練習.dwg]を開きます。

❶[ツールバー]→[開く]をクリック。

❷ファイルの場所を[トレーニング]にします。

❸[ダイセット練習.dwg]を選択します。

❹[開く]をクリック。

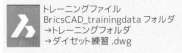

⑤[ダイセット練習]が開きます。

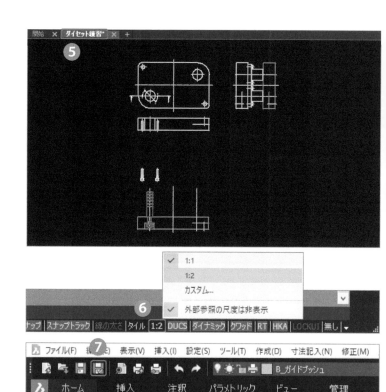

[ステータスバー]の[注釈尺度]を
確認します。

⑥[ステータスバー]→[注釈尺度]が
[1:2]であることを確認します。

※[注釈尺度]が[1:2]以外の場合
は、[ステータスバー]の[注釈尺
度]を右クリックし、[1:2]を選択し
ます。

⑦[ツールバー]→[名前を付けて保
存]をクリックし、デスクトップの[作
図演習]フォルダに**ダイセット組立
図.dwg**と名前を変更して保存しま
す。

3 部品を組立図に コピーする

部品図を開き、寸法線と細線の画
層を非表示にします。

①[デスクトップ]→[BricsCAD_
trainingdata]フォルダ→[トレー
ニング]フォルダ→[ガイドブッシュ
練習.dwg]を開きます。

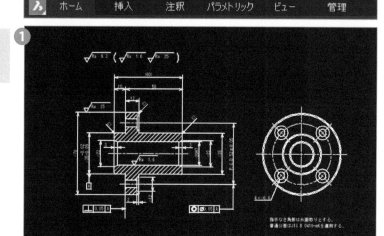

②[ホーム]タブ→[画層管理]パネル
→[画層コントロール]をクリック。

③[05_寸法線]の図のマークをクリッ
ク。

④[03_細線]の図のマークをクリッ
ク。

▶[05_寸法線][03_細線]の画層で
描かれた図形が非表示になりまし
た。

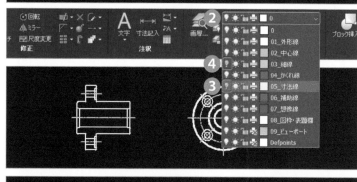

部品図を組立図にコピーします。

⑤正面図を選択します。

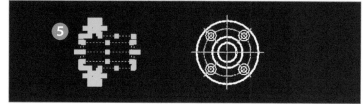

Chapter 9

⑥ [メニューバー] → [編集] → [コ
ピー] をクリック。

⑦ [図面タブ]の[ダイセット組立図]
をクリック。

⑧ [メニューバー]→[編集]→[貼り付
け]をクリック。

⑨ 図の位置でクリック(任意の位置)。

▶ 組立図にガイドブッシュがコピーで
きました。

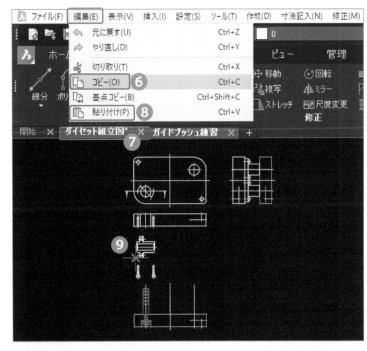

4 コピーした部品の画層を変更する

コピーした部品の画層を、組立図の
ガイドブッシュの画層に変更します。

❶ ガイドブッシュを選択します。

❷ [画層管理]パネル→[画層コント
ロール]の∨をクリックし、[B_ガイ
ドブッシュ]を選択します。

▶ ガイドブッシュの画層が[0]画層か
ら[B_ガイドブッシュ]画層に変わり
ました。

❸ [Esc]キーを押して、選択を解除し
ます。

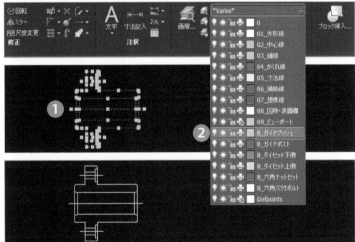

5 部品を組立図に配置する1

ガイドブッシュを組付ける向きに合
わせて回転します。

❶ [ホーム]タブ→[修正]パネル→[回
転]コマンドをクリック。

❷ ガイドブッシュを選択し、[Enter]
キーを押して選択を確定します。

❸ 図の[中点]をクリック。

❹ カーソルを図の方向へ移動して、
垂直の仮想線上に合わせます。

❺ 図の位置でクリック。

▶ ガイドブッシュが90°回転できました。

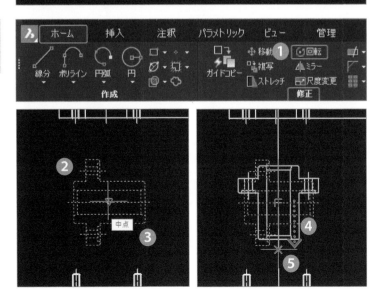

181

部品を組立図に配置する 2

作業箇所

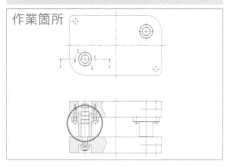

ガイドブッシュを移動して組立図に配置します。

❶[ホーム]タブ→[修正]パネル→[移動]コマンドをクリック。

❷移動する図形としてガイドブッシュを選択します。

❸[Enter]キーを押して選択を確定します。

❹図の[中点]をクリック。

❺図の[中点]をクリック。

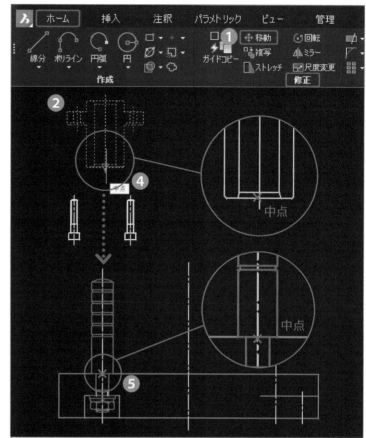

▶ガイドブッシュが組立図に配置できました。

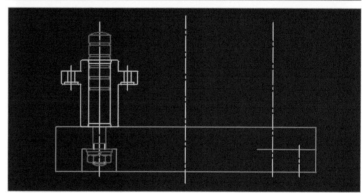

部品の重なりで不要となる線をトリムする

ガイドブッシュとガイドポストの重なりで不要となる線をトリムします。

❶[修正]パネル→[トリム]コマンドをクリック。

❷図のガイドブッシュの外形線をクリック。

❸[Enter]キーを押してトリムの境界となる図形の選択を確定します。

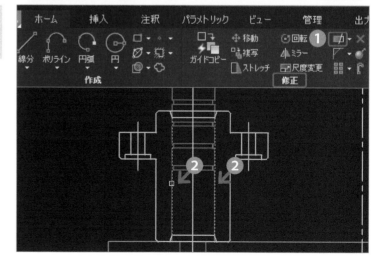

④オプションの[エッジ(E)]を選択し
[Enter]キーを押します。

⑤オプションの[延長(E)]を選択し
[Enter]キーを押します。

⑥図の線をクリック。

⑦図の線をクリック。

▶部品の重なりで不要となった線が
トリムできました。

⑧[Enter]キーを押してコマンドを終
了します。

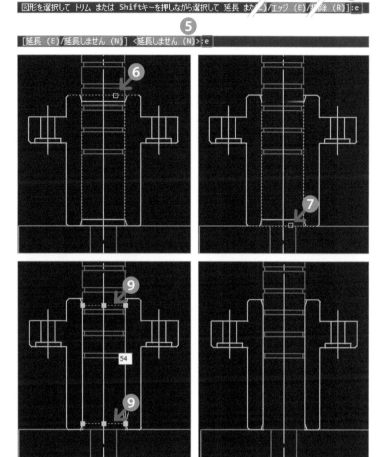

図形を選択して トリム または Shiftキーを押しながら選択して 延長 また ( )/エッジ (E)/削除 (R)]:e

[延長 (E)/延長しません (N)] <延長しません (N)>:e

⑨図の線をクリック。

⑩[Delete]キーで削除します。

▶部品の重なった余分な線が削除
できました。

8 重なっている線の表示順序を変える

作業箇所

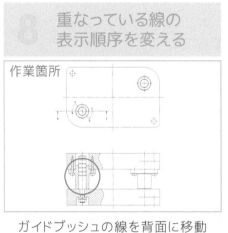

ガイドブッシュの線を背面に移動
し、ガイドポストの線が見えるよう
にします。

①図の線をクリック。

②[メニューバー]→[ツール]→[表
示順序]→[最背面へ移動]をク
リック。

▶ガイドブッシュ外形線がガイドポス
ト外形線の背面に移動しました。

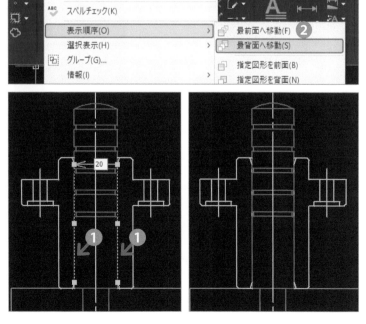

設定(S) ツール(T) 作成(D) 寸法記入(N) 修正(M) パラメトリック(P) ウィンドウ(W) ヘルプ(H)

図面エクスプローラ(X)
シートセット(S)...
プロファイル管理(M)...
ABC スペルチェック(K)
表示順序(O)
選択表示(H)
グループ(G)...
情報(I)

最前面へ移動(F)
最背面へ移動(S)
指定図形を前面(B)
指定図形を背面(N)

9 ダイセット上側を組立図に配置する

作業箇所

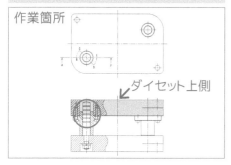

ダイセット上側

①[ホーム]タブ→[修正]パネル→[移動]コマンドをクリック。

②移動する図形としてダイセット上側を選択し、[Enter]キーを押して確定します。

③図の[交点]をクリック。

④[Shift]キー＋右クリックでショートカットメニューを表示し[交点]を選択します。

※一時図形スナップについてはP31参照。

⑤図の[交点]をクリック。

▶ダイセット上側を配置できました。

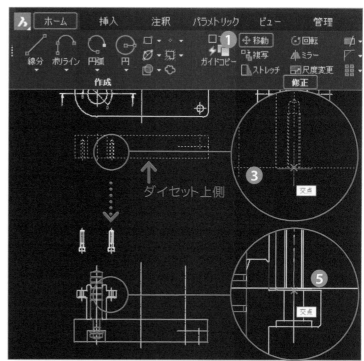

ダイセット上側

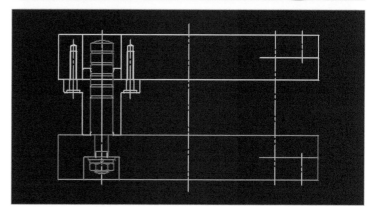

部品の重なりで不要となる線をトリムします。

⑥[修正]パネル→[トリム]コマンドをクリック。

⑦図の線をクリックし、[Enter]キーを押して選択を確定します。

⑧図の線をクリック。

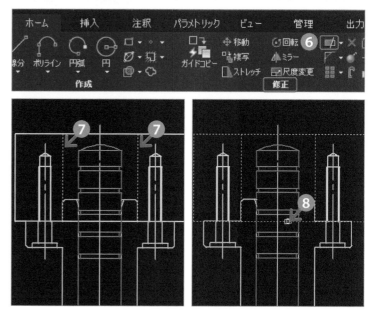

▶部品の重なりで不要となった線が
トリムできました。

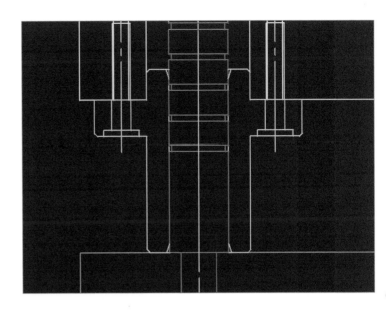

10 六角穴付きボルトを組立図に配置する

作業箇所

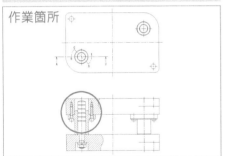

六角穴付きボルトを移動して組立
図に配置します。

❶[ホーム]タブ→[修正]パネル→[移
動]コマンドをクリック。

❷移動する図形として六角穴付きボ
ルト2本を選択し、[Enter]キーを
押して選択を確定します。

❸図の[中点]をクリック。

❹[Shift]キー+右クリックでショート
カットメニューを表示し[交点]を選
択します。

❺図の[交点]をクリック。

▶六角穴付きボルト2本を配置でき
ました。

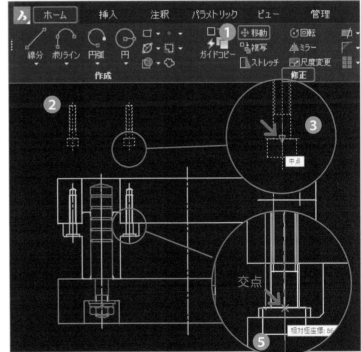

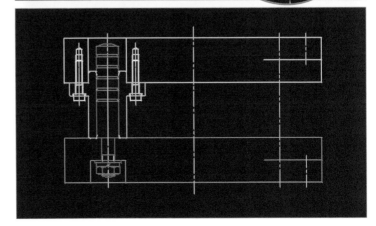

部品の重なりで不要となる線をトリムします。

⑥ [ホーム]タブ→[修正]パネル→[トリム]コマンドをクリック。

⑦ 図の線をクリックし、[Enter]キーを押して確定します。

⑧ 図の線をクリック。

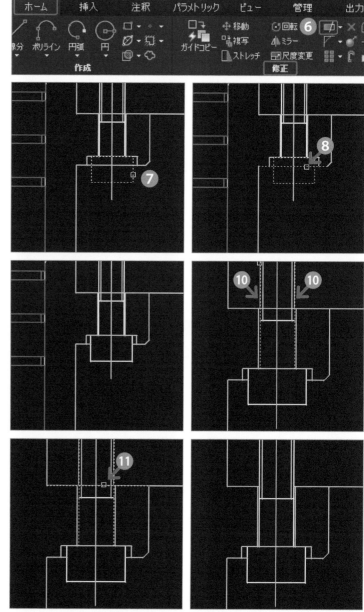

▶ 部品の重なりで不要となった線がトリムできました。

⑨ [Enter]キーを2回押します。

※ [トリム]コマンドがもう一度実行されます。

⑩ 図の線（六角穴付きボルトの外形線）をクリックし、[Enter]キーを押して確定します。

⑪ 図の線を2回クリック。

※ ダイセット上側外形線とガイドブッシュ外形線をトリムします。

▶ 部品の重なりで不要となった線がトリムできました。

⑫ 同様の手順で左側の六角穴付きボルトの不要となった線をトリムします。

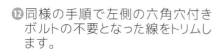

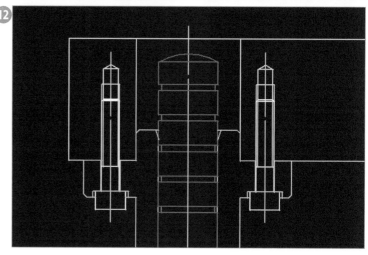

11 平面図、右側面図の位置を整える

ダイセット上側(平面図、右側面図)を図のような位置に移動します。

❶正面図と平面図の間に寸法を記入するため、間隔を空けて配置します。

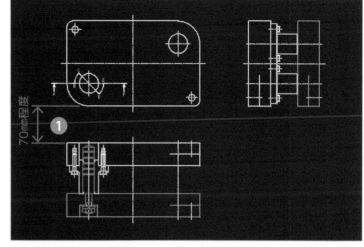

12 平面図に図形を追加する

作業箇所

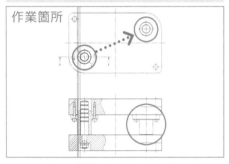

正面図の端点を参照して平面図に図形を追加します。

❶[ホーム]タブ→[画像管理]パネル→[画層コントロール]をクリックし、[6_補助線]を選択します。

❷[作成]パネル→[線分]コマンドの▼をクリック。

❸[構築線]コマンドをクリック。

❹オプションの[垂直(V)]を選択し[Enter]キーを押します。

❺図の端点に垂直な構築線を3本描きます。

※線の色や種類は画層に設定されています。

❻[画層管理]パネル→[画層コントロール]をクリックし、[B_ガイドブッシュ]を選択します。

❼平面図の円の中心から、❺で描いた構築線に接する円を3つ描きます。

❽円を描き終わったら、構築線は削除します。

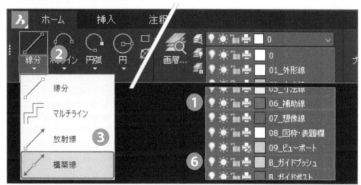

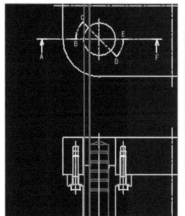

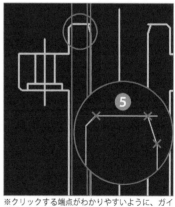

※クリックする端点がわかりやすいように、ガイドブッシュのみ表示しています。

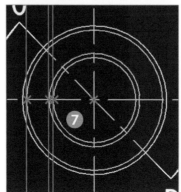

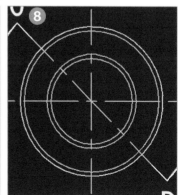

正面図と平面図に図形を追加します。

⑨ [ホーム]タブ→[修正]パネル→[複写]コマンドで、右側面図のガイドブッシュと六角穴付きボルトと中心線をコピーします。

⑩ [2D回転]コマンドで、複写したガイドブッシュと六角穴付きボルトと中心線を時計回りに90°回転します。

⑪ [移動]コマンドで、回転したガイドブッシュと六角穴付ボルトと中心線を正面図に移動します。

⑫ [複写]コマンドで、平面図の円をコピーします。

▶ 正面図と平面図に部品が追加できました。

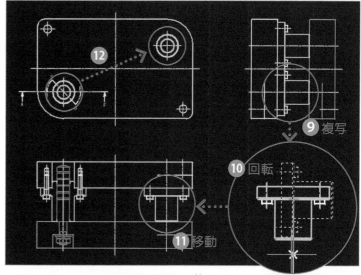

**13 断面図のための
スプラインを描く**

断面図にハッチングを入れるためにスプラインで境界を描きます。

※ [03_細線]画層に作図します。

❶ [画層管理]パネル→[画層コントロール]をクリックし、[03_細線]を選択します。

❷ [ホーム]タブ→[作成]パネル→[ポリライン]コマンドの▼をクリック。

❸ [スプライン]コマンドをクリック。

❹ [Shift]キー+右クリックでショートカットメニューを表示し[近接点]を選択します。

❺ ダイセット上側の図の位置でクリック。

❻ 図の位置でクリック。

❼ 図の位置でクリック。

❽ 図の位置でクリック。

❾ [Enter]キーを押します。

※ スプラインの接線方向の始点と終了点を指定します。

❿ 図の位置でクリック。

⓫ 図の位置でクリック。

▶ ダイセット上側にスプラインが描けました。

⓬ 同様の手順で、ダイセット下側にスプラインを描いてみましょう。

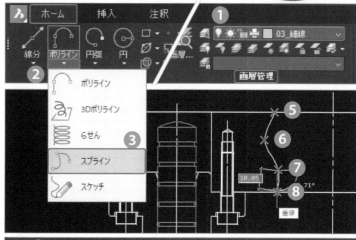

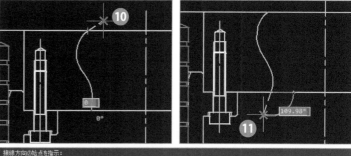

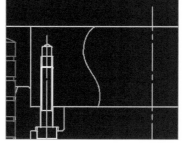

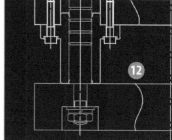

14 中心線を整える

重なっている不要な中心線を削除し、短い中心線を延長します。

❶ 図の中心線をクリック(ガイドブッシュの中心線)。

❷ [Delete]キーで削除します。

❸ 図の中心線をクリック(六角穴付ボルトの中心線)。

❹ [Delete]キーで削除します。

※ 重なっていた中心線が1本になります。

❺ [ホーム]タブ→[修正]パネル→[長さ変更]コマンドで図の中心線を延長します。

▶ 中心線が延長できました。

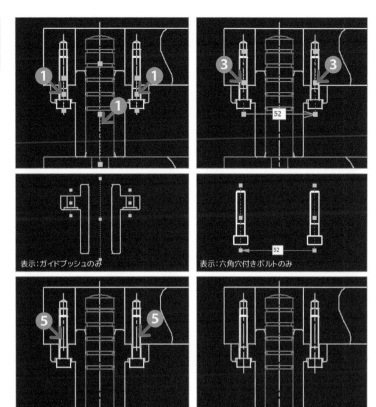

15 部品の断面にハッチングを入れる

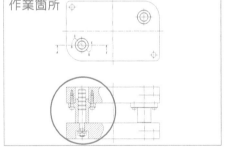

断面に図のようなハッチングを入れます。

[ダイセット上側・下側]

    種類:ユーザー定義

    角度:**45°**

    間隔:**4**

[ガイドブッシュ]

    種類:ユーザー定義

    角度:**135°**

    間隔:**4**

※ P68参照。

▶ すべての部品が組付けできました。

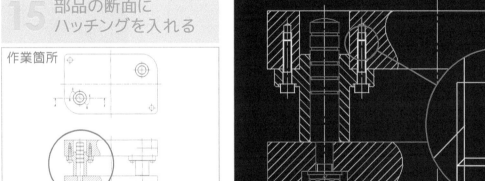

表示:ガイドブッシュのみ

表示:六角穴付きボルトのみ

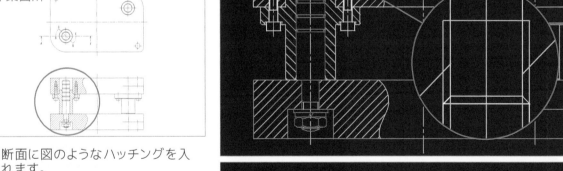

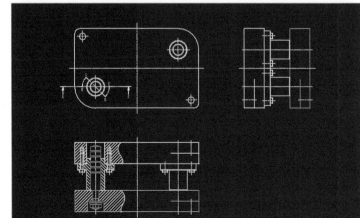

02

▶ Chapter9　組立図

組立図を仕上げる

ダイセット組立図に寸法やバルーンを配置して組立図を仕上げます。

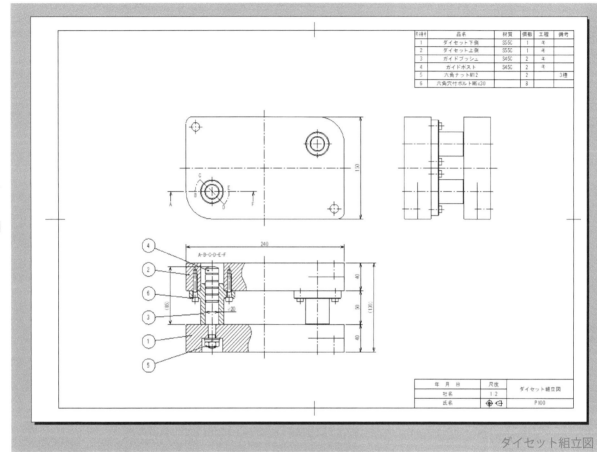

ダイセット組立図

作図ナビ

寸法と文字を記入する　　バルーンを記入する　　バルーン引出線の矢印を変更する

バルーンを等間隔に整列する　　レイアウトを編集する

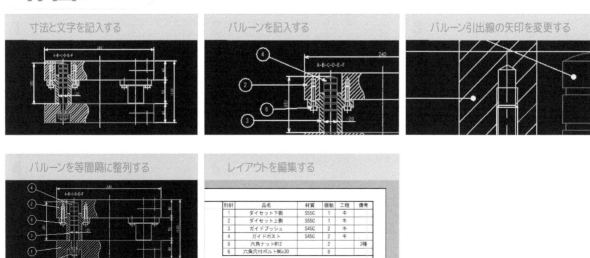

1 寸法と文字を記入する

作業箇所

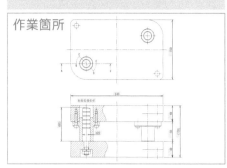

長さ寸法を記入します。

❶ [ホーム]タブ→[画層管理]パネル→[画層コントロール]を[05_寸法線]画層に変更します。

❷ [注釈]タブ→[寸法記入]パネル→[寸法スタイルコントロール]を[オリジナル1]に変更します。

❸ [長さ寸法]コマンドで図のように寸法を記入します。

寸法値の前後に記号を入れます。

作業箇所

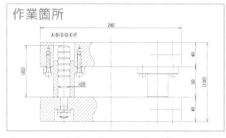

❹ 図の寸法を選択し、[プロパティパネル]の接頭欄に (、接尾欄に) を入力します。

❺ [Esc]キーを押し選択を解除します。

直径寸法を記入し、移動します。

❻ [注釈]タブ→[寸法記入]パネル→[寸法スタイルコントロール]を[直径寸法]に変更します。

❼ [長さ寸法]コマンドで図の寸法を記入します。

❽ 寸法値をクリックし、寸法値を移動します(P94参照)。

❾ [Esc]キーを押し選択を解除します。

文字を記入します。

❿ [文字]コマンドで図のように文字を記入します(P147参照)。

文字高さ：**3**

回転角度：**0**

入力文字：**A-B-C-D-E-F**

※寸法記入前に[ステータスバー]の[注釈尺度]が[1:2]であることを確認します。

[ホーム]タブ　　　[注釈]タブ

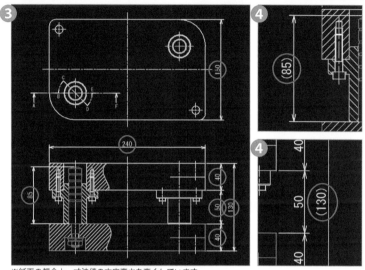

※紙面の都合上、寸法値の文字高さを高くしています。

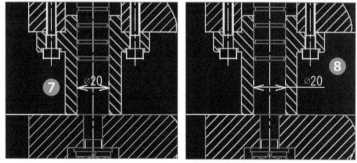

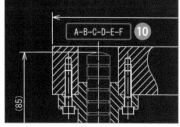

2 バルーンを記入する

作業箇所

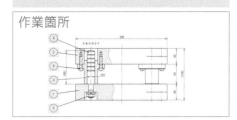

組立図にバルーンを記入します。

❶[注釈]タブ→[引出線]パネル→
[マルチ引出線スタイルコントロー
ル]をクリック。

❷[バルーン]を選択します。

❸[引出線]コマンドの▼をクリックして
[マルチ引出線]コマンドを選択しま
す。

❹[図形スナップ]をオフにします。

❺図の箇所でクリック。

❻カーソルを移動し、任意の位置で
クリック。

❼キーボードから**4**と入力します。

❽[Enter]キーを押します。

▶バルーンが記入できました。

❾同様の手順で、すべてのバルーン
を記入します。

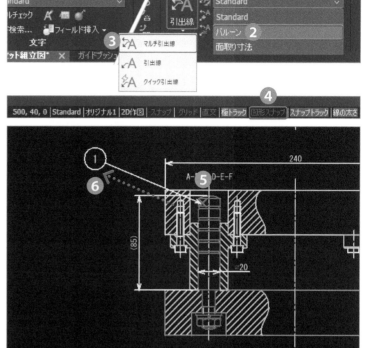

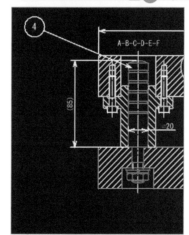

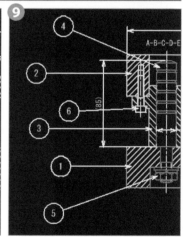

3 バルーン引出線の矢印を変更する

バルーン引出線の矢印を30度開
矢印から小黒丸に変更します。

❶バルーンをすべて選択します。

❷[プロパティパネル]→[引出線]→
[引出線矢印]を[小黒丸]に変更し
ます。

❸[Esc]キーを押して、選択を解除し
ます。

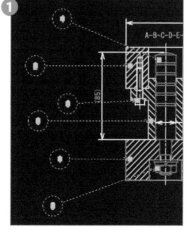

Chapter 9

▶バルーンの引出線が変更できました。

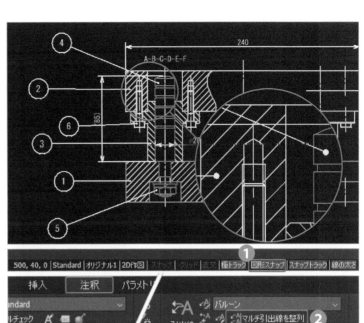

4 バルーンを等間隔に整列する

配置したバルーンを等間隔に整列します。

❶[図形スナップ]をオンにします。

❷[注釈]タブ→[引出線]パネル→[マルチ引出線を整列]コマンドをクリック。

❸すべてのバルーンを選択し、[Enter]キーを押して選択を確定します。

❹任意の始点でクリック。

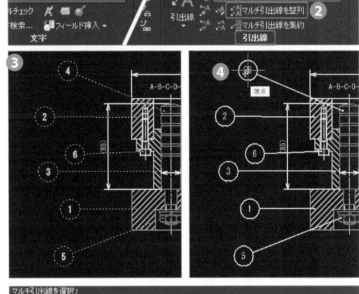

マルチ引出線を選択:

最初の点を指示 または [オプション (O)]:

2番目の点を指示:

※すべてのバルーンがカーソルに重なった状態になります。

❺[Shift]キー＋右クリック→ショートカットメニューの[端点]を選択してカーソルを図の方向へ移動します。

❻鉛直の仮想線上の任意の終点でクリック。

▶バルーンが一直線上(垂直)に等間隔で配置できました。

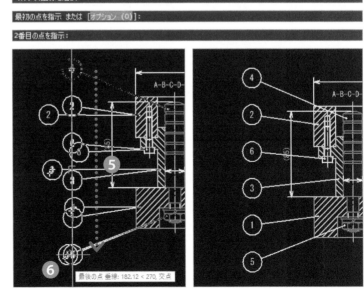

作業箇所

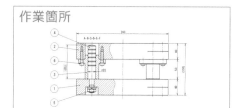

寸法を整えます。

❼引出線と重ならないように図の寸
法値を移動します。

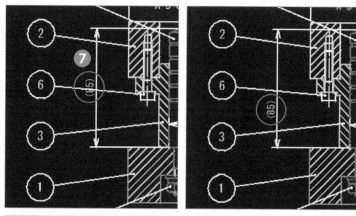

▶組立図の図形が完成しました。

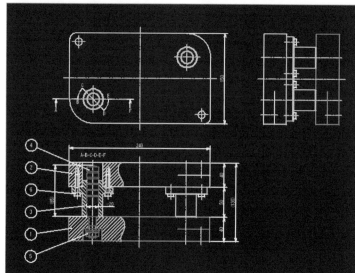

5 レイアウトを編集する

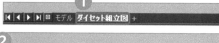

レイアウトの表題欄を編集します。

※作図領域をモデルからレイアウト
に切替えます。

※ビューポート内の位置調整を行い
ます（調整方法は P168 参照）。

❶画面左下の［ダイセット組立図］タ
ブをクリック。

❷画面がレイアウト空間に切替わり
ます。

❸表題欄をダブルクリックして、つぎ
のように属性を編集します。

※編集方法は P165 参照

年月日：**年 月 日**（任意）

氏名：**氏名**（任意）

尺度：**1:2**

図名：**ダイセット組立図**

図番：**P100**

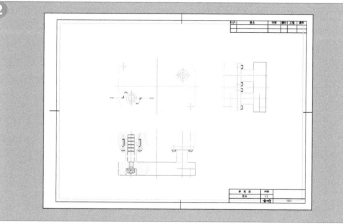

年　月　日	尺度	ダイセット組立図
社名	1:2	
氏名	⊕ ⊏	P100

レイアウトの部品表を編集します。

❹部品表の図のセルをクリックします。

❺[表]ダイアログが表示されます。

❻[行を下に挿入]をクリック。

❼選択セルの下に行が追加されます。

※図のように4行追加します。

❽セルをダブルクリックして部品表を編集します。

2行目：1、ダイセット下側、S55C、1、キ、空欄

3行目：2、ダイセット上側、S55C、1、キ、空欄

4行目：3、ガイドブッシュ、S45C、2、キ、空欄

5行目：4、ガイドポスト、S45C、2、キ、空欄

6行目：5、六角ナットM12、空欄、2、空欄、3種

7行目：6、六角穴付ボルトM6x30、空欄、8、空欄、空欄

照合番号	品名	材質	個数	工程	備考
1	ダイセット下側	S55C	1	キ	
2	ダイセット上側	S55C	1	キ	
3	ガイドブッシュ	S45C	2	キ	
4	ガイドポスト	S45C	2	キ	
5	六角ナットM12		2		3種
6	六角穴付ボルトM6x30		8		

❾入力が終了したら[文字フォーマッティング]ダイアログの[OK]をクリック。

▶部品表が編集できました。

照合番号	品名	材質	個数	工程	備考
1	ダイセット下側	S55C	1	キ	
2	ダイセット上側	S55C	1	キ	
3	ガイドブッシュ	S45C	2	キ	
4	ガイドポスト	S45C	2	キ	
5	六角ナットM12		2		3種
6	六角穴付ボルトM6x30		8		

完成した図面を印刷します。

❿[出力]タブ→[出力]パネル→[印刷]コマンドをクリック。

※P169、P174を参考にしてA3図面の印刷をしてみましょう。

⓫[ダイセット組立図.dwg]を上書き保存します。

▶[ダイセット組立図]ができました。

※ご自身で作図したガイドブッシュの部品図を使用して組立図の作図練習してみましょう。

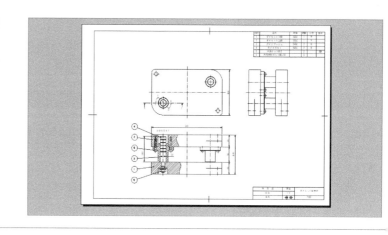

■尺度の設定と異尺度対応

○標準尺度

モデル空間の図形をビューポートで表示する時の尺度です。デフォルトでは1:1とフィット尺度があります。注釈尺度を設定すると、設定した尺度が選択できるようになります。

標準尺度 1:1

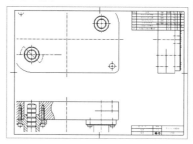

○注釈尺度

寸法や文字など異尺度対応が必要な図形の尺度です。注釈尺度(用紙の単位：作図単位)を1:2に設定して図形に寸法を入れると、ビューポートを通して表示するモデル空間の寸法が現尺(1:1)のサイズで表示されます。

※寸法のスタイルには異尺度の設定が必要になります。

注釈尺度 1：2を選択

標準尺度　1:2

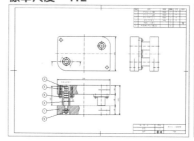

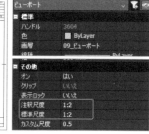

○注釈尺度の設定方法 (1:2)

❶[モデル]タブの[ステータスバー]の[注釈尺度]を右クリックし、[カスタム]を選択します。

❷[尺度一覧の編集]ダイアログが表示されます。

❸[新しい尺度を追加]をクリック。

❹[Add Scale]ダイアログで図のように入力し[OK]をクリック。

　尺度名**1:2**

　尺度プロパティ**1**=**2**

❺[尺度一覧の編集]ダイアログで[OK]をクリック。

▶[ステータスバー]の[注釈尺度]を右クリックすると[1:2]がリストに追加されます。

応用機能紹介：3D モデリング

01 3D モデルを作成する

BricsCAD

3D モデルを作成する

ガイドブッシュの2D図面を使用して3Dモデルを作成します。

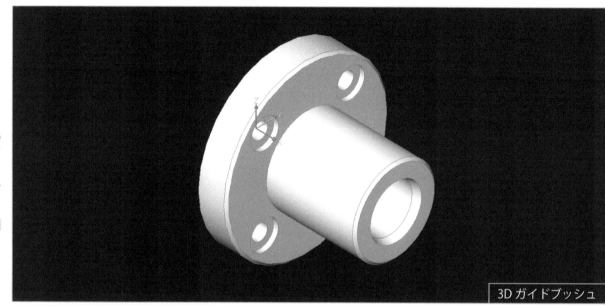

3D ガイドブッシュ

モデリングナビ

3D モデリングのワークスペースを起動	図面を読み込む	図面の位置と向きを調節する
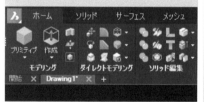	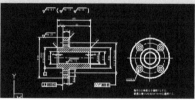	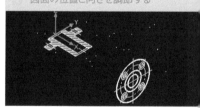
断面図を使用して 3D ソリッドを作成する	右側面図をモデルの面に移動する	通し穴を作成する
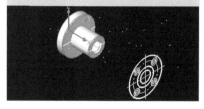		
ザグリ穴を作成する	不要な図形を削除する	
	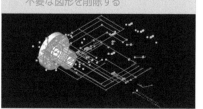	

1 3Dモデリングの ワークスペースを起動

ワークスペース[モデリング]で
BricsCADを起動します。

❶BricsCADを起動します。

❷[BricsCAD ランチャ]ダイアログ
が表示されます。

❸[モデリング]をクリック。

❹テンプレートに[Default-mm]を選
択し、新しい図面をクリック。

❺ワークスペースが[モデリング]で
新規ファイルが開きます。

※BricsCADを起動している場合は
[ステータスバー]の[カレントの
ワークスペース]を右クリックし、[モ
デリング]を選択します。

操作を行いやすくするために設定
を変更します。

❻[プロパティパネル]→[ビュー]→[表
示スタイル]の図の位置をクリック。

❼[モデリング]を選択します。

❽[ツールバー]→[境界検出]をク
リックしてオンにします。

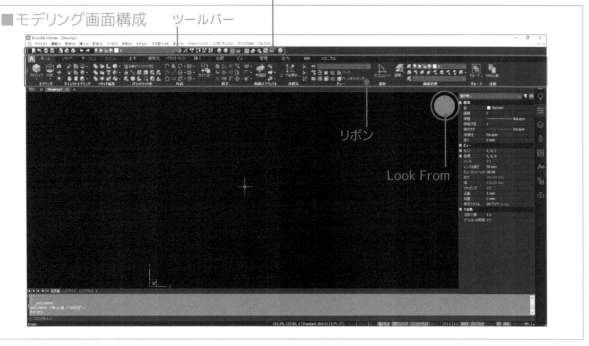

■モデリング画面構成　　ツールバー

リボン

Look From

Chapter 10

2 図面を読み込む

トレーニングファイル
BricsCAD_trainingdata フォルダ
→トレーニングフォルダ
→ガイドブッシュ練習 .dwg

新規ファイルに[ガイドブッシュ
.dwg]の図形を読み込みます。

❶[メニューバー]→[ファイル]の[読み込み]をクリック。

❷[読み込みファイル]ダイアログが表示されます。

❸[デスクトップ]→[BricsCAD_
trainingdata]フォルダ→[トレーニング]→[ガイドブッシュ練習.dwg]
を選択して[開く]をクリック。

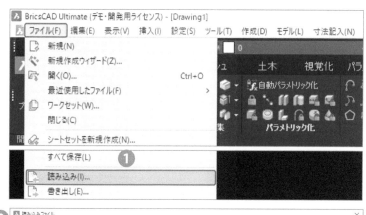

▶新規図面にガイドブッシュの図形が読み込まれました。

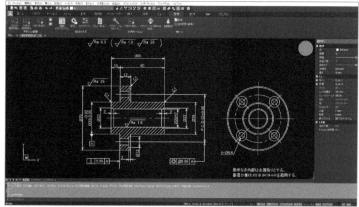

3 図面の位置と向きを調節する

正面図と右側面図を3D空間の原点基準になるように移動します。

❶[ホーム]タブ→[画層管理]パネル
→[画層コントロール]から[05_寸法線]画層を非表示にします。

❷[ホーム]タブ→[修正]パネル→[移動]コマンドをクリック。

❸ 図形すべてを選択し[Enter]キー
で確定します。

❹ 図の[中点]をクリック。

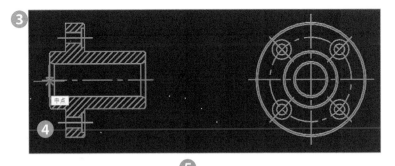

❺ *(アスタリスク)0,0,0と入力し
[Enter]キーを押します。

▶ 図形の基点と原点(0,0,0)が一致
するように移動できました。

※ 絶対座標入力は座標値の先頭に
#を付けても指定できます。

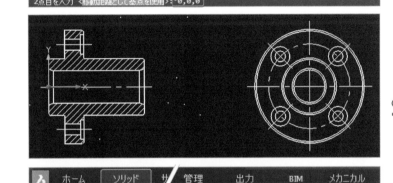

右側面図の向きを調整します。

❻ [LookFrom]の[右上正面]をクリッ
クし表示方向を変更します。

❼ [ソリッド]タブ→[ダイレクトモデリ
ング]パネル→[回転]コマンドをク
リック。

※ 回転コマンドが複数ありますので
注意しましょう。

❽ 右側面図すべてを選択し[Enter
キー]で確定します。

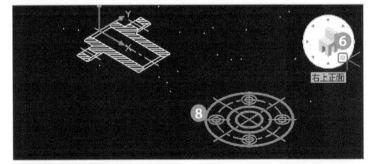

❾ 図の[中心線]をクリック。

❿ 図の位置でクリック。

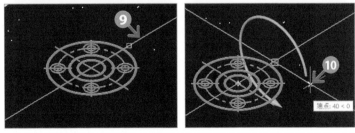

⓫ カーソルを図の方向に移動すると
プレビュー表示に変わります。

⓬ [90]と入力し、[Enter]キーを押し
ます。

▶ 右側面図が回転できました。

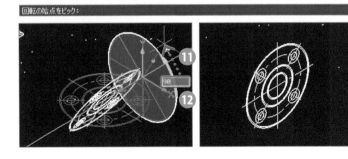

4 断面図を使用して 3Dソリッドを作成する

断面図の輪郭を回転して3Dソリッドを作成します。

❶ [ソリッド]タブ→[ダイレクトモデリング]パネル→[回転]コマンドをクリック。

※回転コマンドが複数ありますので注意しましょう。

❷ 図の位置にカーソルを移動すると境界が検出されます。

❸ 境界が検出された位置でクリック。

❹ 続けて図の5箇所の境界をクリック。

❺ [Enter]キーを押して確定します。

❻ 図の[中心線]をクリックして回転の軸を定義します。

※カーソルを動かすとプレビューが表示されます。

❼ 360と入力して[Enter]キーを押します。

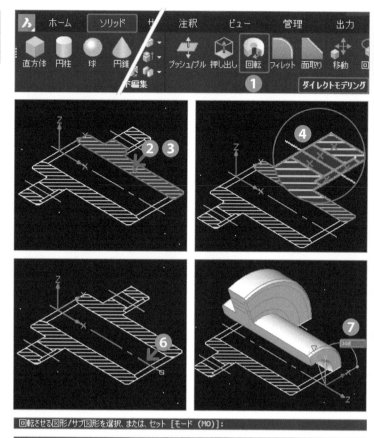

❽ 断面図を回転させた3Dソリッドができました。

※ ❸❹でクリックした6箇所の境界を回転させているため、3Dソリッドも6個に分かれています。

複数の3Dソリッドを1つの3Dソリッドにします。

❾ 回転で作成した3Dソリッドすべてを選択します。

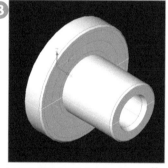
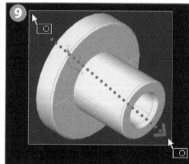

回転させる図形/サブ図形を選択、または、セット [モード (MO)]：

軸図形を選択、または、軸を定義 [2点 (2P)/X軸/Y軸/Z軸] <2点 (2P)>：

回転角度を指定、または、セット [自動 (A)/作成 (C)/差 (SU)/和 (U)/両側 (B)] <自動 (A)>：

❿ [ソリッド]タブ→[ソリッド編集]パネル→[和]コマンドをクリック。

※[和]コマンドは、複数のソリッドを融合して合成したソリッドを作成するコマンドです。

▶ 選択した3Dソリッドが1つになりました。

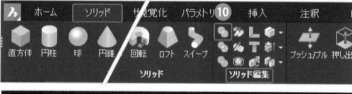

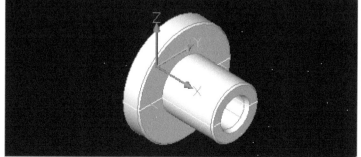

Chapter 10

■表示スタイルの変更

3Dモデルの表示スタイルは数種類あり、デフォルトでは[2Dワイヤフレーム]に設定されています。本書では3Dモデルを作成しやすくするために、表示スタイルを[モデリング]に変更しています。
※変更方法はP199参照

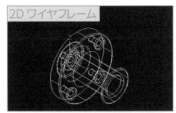
2Dワイヤフレーム

モデリング

半透明

非表示

■ルックフロムコントロールの使い方

作業領域の右上に表示されている[LookFrom]の▶または中央をクリックすると、モデルの向きをクリックした表示方向(9方向)に変更できます。

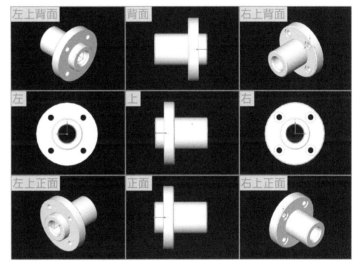

左上背面 / 背面 / 右上背面
左 / 上 / 右
左上正面 / 正面 / 右上正面

■ビュー操作

拡大・縮小

マウスのホイールボタンを前方へ回転すると表示が拡大し、手前に回転すると表示が縮小します。

拡大

ホイールボタンを前後に回転
縮小

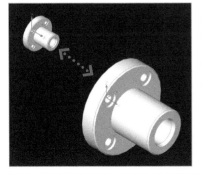

平行移動

マウスのホイールボタンを押したままドラッグすると、画面表示サイズはそのままで移動します。

ホイールボタンを押したままドラッグ

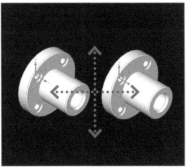

3D回転

[Shift]キーを押しながらマウスのホイールボタンを押したままドラッグすると3D回転します。

[Shift]キー
＋ホイールボタンを押したままドラッグ

5 右側面図を モデルの面に移動する

ザグリ穴をあけるために右側面図をモデルの面に移動します。

❶ [LookFrom]の[正面]をクリック。

❷ [ソリッド]タブ→[ダイレクトモデリング]パネル→[移動]コマンドをクリック。

❸ 右側面図すべてを選択し、[Enter]キーで確定します。

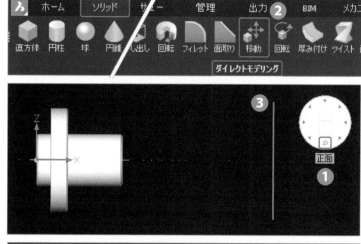

❹ [Shift]キー+右クリックでショートカットメニューを表示して[中心]を選択します。

❺ 図の[中心]でクリック。

❻ [Shift]キー+右クリックでショートカットメニューを表示して[中心]を選択します。

❼ 図の[中心]でクリック。

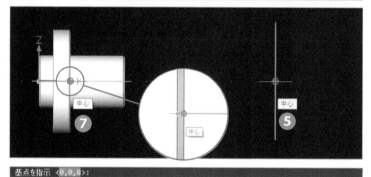

❽ [LookFrom]の[右上正面]をクリックし、正しく移動できているかを確認します。

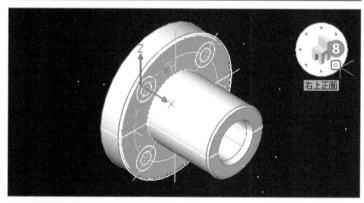

6 通し穴を作成する

移動した右側面図の図形を使い通し穴を作成します。

❶ [ホーム]タブ→[画層管理]パネル→[画層コントロール]で[02_中心線]画層を非表示にします。

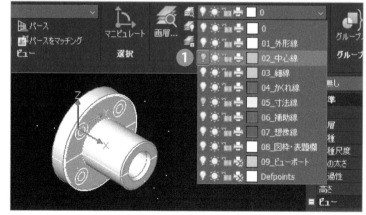

❷[ホーム]タブ→[修正]パネル
→[分解]コマンドをクリック。

❸図の円をクリックし[Enter]キーを
押します。

❹[ソリッド]タブ→[ダイレクトモデリ
ング]パネル→[押し出し]コマンド
をクリック。

※ソリッドパネルにも[押し出し]コマ
ンドがありますので注意しましょう。

❺図の3箇所の境界をクリック。

❻[LookFrom]の[右上背面]をクリッ
クしてモデルの向きを変更します。

❼図の境界をクリック。

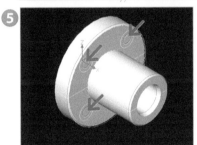
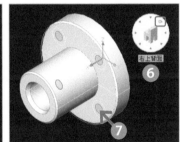

押し出す図形/サブ図形を選択、または、セット [モード (MO)]:

❽[LookFrom]の[右上正面]をクリッ
クしてモデルの向きを変更します。

❾[Enter]キーを押します。

❿図の方向にカーソルを移動し、モ
デルより奥の位置でクリック。

※カーソルの位置でカット方向が決
まります。

▶通し穴が作成できました。

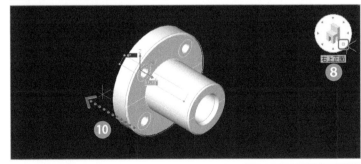

押し出す高さを指定、または、セット [自動 (A)/作成 (C)/差 (S)/和 (U)/両側 (B)/テーパ角度 (T)/向き

■ホットキーアシスタント

ホットキーアシスタントとは、コマンド
のオプションをヒントとして表示する
機能です。画面中央下に表示され、
[Ctrl]キーを押すことでオプション
選択の切替えができます。
[ステータスバー]の[HKA]でオン/オ
フの切替えと設定が可能です。

○押し出しコマンドの例

ホットキーアシスタント

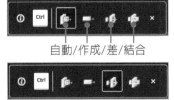

自動/作成/差/結合

[Ctrl]キーを押すごとに切替わり
ます。

[ステータスバー]の[HKA]

ザグリ穴を作成する

移動した右側面図の図形を使いザ
グリ穴を作成します。

❶[ソリッド]タブ→[ダイレクトモデリ
ング]パネル→[押し出し]コマンド
をクリック。

❷図の3箇所の境界をクリック。

❸[LookFrom]の[右上背面]をクリッ
クして、モデルの向きを変更し、図
の境界をクリック。

❹[LookFrom]の[右上正面]をクリック
して、モデルの向きを変更します。

❺[Enter]キーを押します。

❻図の方向にカーソルを移動します。

❼2と入力して[Enter]キーを押しま
す。

▶ザグリ穴が作成できました。

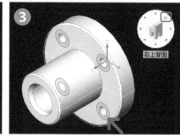

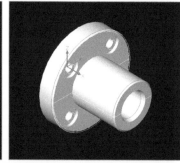

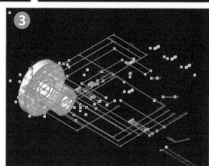

不要な図形を
削除する

3Dソリッド以外の不必要な図形を
削除します。

❶[プロパティパネル]→[クイック選
択とプロパティを切替]をクリック。

❷[すべて]と表示された状態で[カレ
ントの選択セットに追加]をクリック。

❸すべての図形が選択されます。

❹[クイック選択とプロパティを切替]
をクリック。

❺図の∨をクリックし[3Dソリッド]を
選択します。

❻[カレントの選択セットから削除]を
クリック。

❼3Dソリッドだけ選択が解除されます。

❽[Delete]キーを押して不要な図形
を削除します。

▶ガイドブッシュの3Dモデルが完成
しました。

❾**3Dガイドブッシュ**と名前を変更して
[作図演習]フォルダに保存します。

※ご自身で作図したガイドブッシュの
2D図面を使用して3Dモデルを作
成する場合は、2D、3Dともに共通
の拡張子[.dwg]のため、ファイルを
コピーして名前の変更をしてから作
成してください。

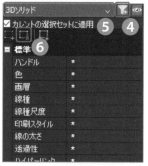
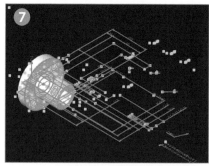

Chapter 10

ダイセット図面

■ダイセット組立図（用紙サイズA3、尺度1:2）※正確な尺度の図ではありません。

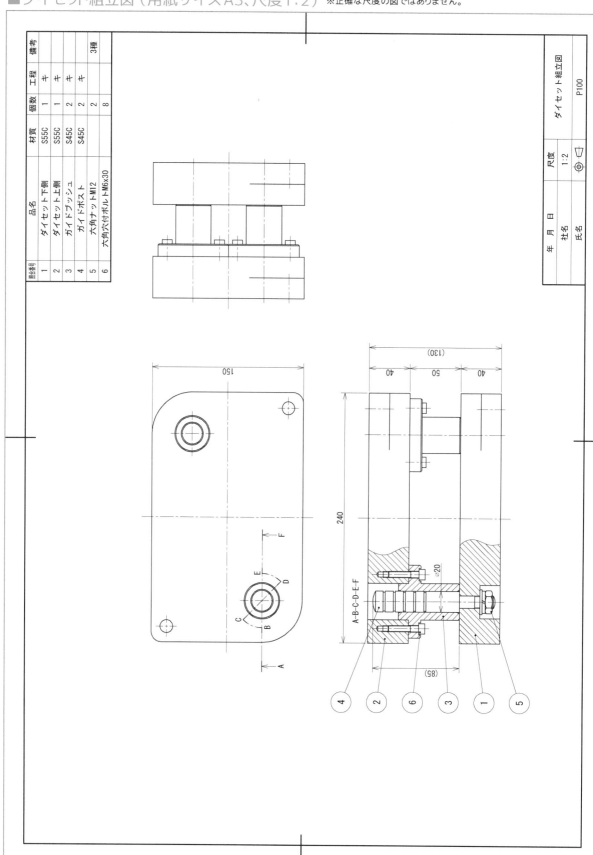

照合番号	品名	材質	個数	工程	備考
1	ダイセット下側	S55C	1	キ	
2	ダイセット上側	S55C	1	キ	
3	ガイドブッシュ	S45C	2	キ	
4	ガイドポスト	S45C	2	キ	
5	六角ナットM12		2		3種
6	六角穴付ボルトM6x30		8		

年 月 日	尺度	ダイセット組立図
	1:2	
社名		P100
氏名		

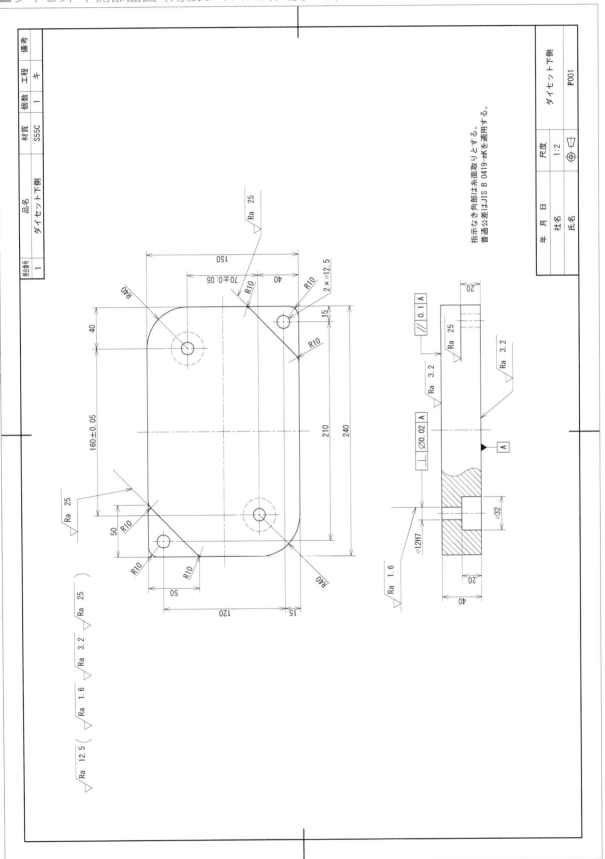

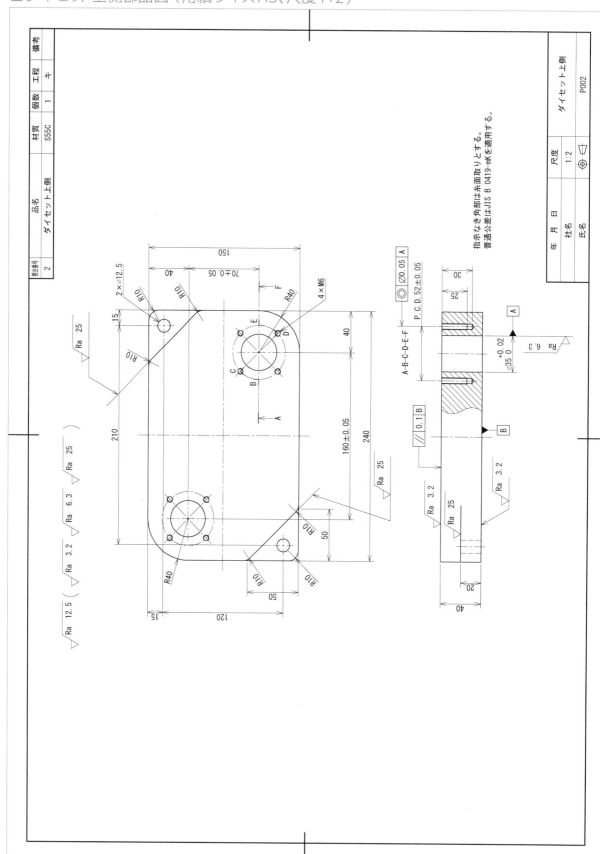

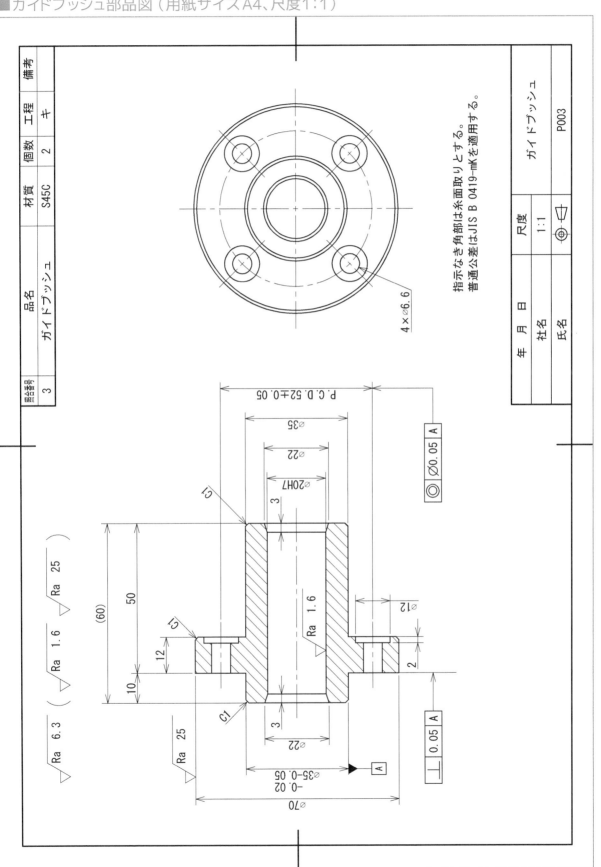

指示なき角部は糸面取りとする。
普通公差はJIS B 0419-mKを適用する。

照合番号	品名	材質	個数	工程	備考
3	ガイドブッシュ	S45C	2	キ	

年 月 日		尺度	ガイドブッシュ
	社名	1:1	
	氏名		P003

■ガイドポスト部品図（用紙サイズA4、尺度1:1）

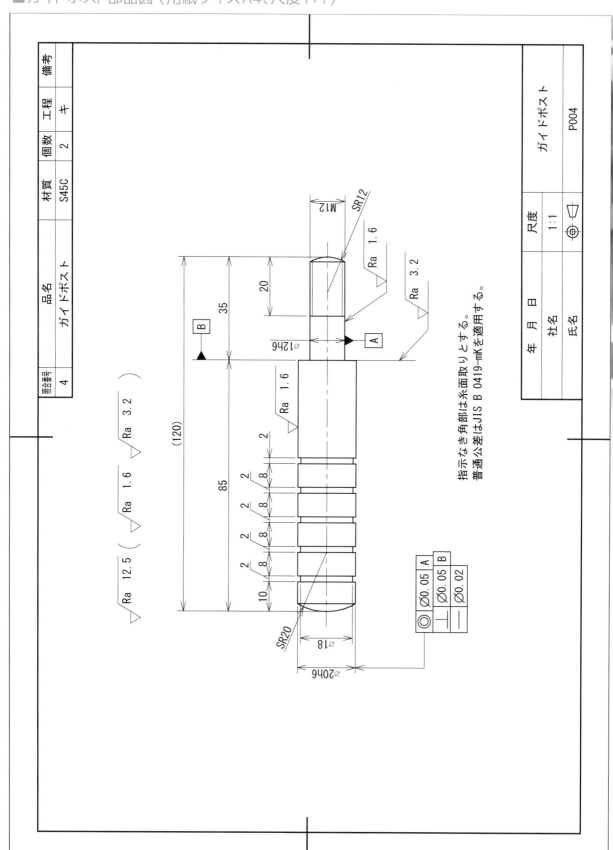

部品番号	品名	材質	個数	工程	備考
4	ガイドポスト	S45C	2	キ	

年 月 日	尺度		ガイドポスト
社名	1:1		
氏名			P004

指示なき角部は糸面取りとする。
普通公差はJIS B 0419-mKを適用する。

$\sqrt{\text{Ra 12.5}}\left(\sqrt{\text{Ra 1.6}} \sqrt{\text{Ra 3.2}}\right)$

さらに上達したい方へ 読者限定特典のご案内

トレーニングデータダウンロード

本書で使用するトレーニングデータは、下記 URL よりアクセスいただき、専用ページにユーザー名、パスワードを入力することでご利用いただけます。

https://bj-soft.jp/cp/2dnyumon.html

ユーザー名：user
パスワード：2dnyumonbc

本書ではご紹介しきれなかった機能も学べる BricsCAD 習得の3大特典をご利用ください

特典 1

よく使うコマンド一覧 + 作図練習問題

コマンドの説明とコマンドエイリアスをまとめて掲載した便利なコマンド一覧です。手元において確認しながら操作練習することができます。

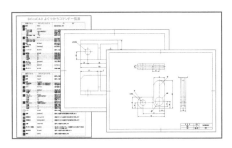

特典 2

2D・3DCAD 操作動画

本書の「Chapter9 組立図」で解説しているガイドブッシュの組付け操作と、「Chapter10：3Dモデリング」の操作を動画で視聴できます。本書と併用することで、理解を深めることができます。

特典 3

3D モデルのダウンロード

ダイセットの3Dモデルやアセンブリを無料でダウンロードできます。また、本書掲載以外のモデルもダウンロードできます。

※掲載した特典は予告なく変更、あるいは中止になる場合があります。

サイトのトップページ「https://bj-soft.jp」よりアクセス

図研アルファテック(株) 書籍特設サイト	https://bj-soft.jp/cp/2dnyumon.html

■編者
CADRISE／株式会社アドライズ　adrise.jp
「設計業務を省力化したい」「若手設計者を育成したい」といった3DCADを利用する製造業をサポートする設計ソリューション会社。レベルに応じた豊富な研修カリキュラムを展開、多くの研修実績を持つ。研修は、設計会社として研鑽を積んできた経験をベースにした内容となっており、「3DCADによる設計がわかった」と多くの受講生からの支持を得ている。

■著者
牛山　直樹　（うしやま　なおき）
株式会社アドライズ代表取締役、諏訪東京理科大学非常勤講師
唐澤　聖　（からさわ　せい）
工業デザイナー

■執筆協力
図研アルファテック株式会社
BricsCAD開発元Bricsys社（ベルギー）の日本国内代表代理店 。
BricsCADの販売・カスタマイズ・サポートと電気設計用CAD「ACAD-DENKI」のアプリケーション開発、および販売・サポートを主たる事業として提供している。

すぐわかる2D作図
BricsCAD入門

2020 年 6 月 30 日　初版第 1 刷発行
2021 年 3 月 24 日　初版第 3 刷発行

Ⓒ 編 者　CADRISE
　　　　　㈱アドライズ
　　　発行者　井水 治博
　発行所　日刊工業新聞社　〒103-8548 東京都中央区日本橋小網町14-1
　　　電 話　03-5644-7490（書籍編集部）
　　　　　　　03-5644-7410（販売・管理部）
　　　　FAX　03-5644-7400
　　　振替口座　00190-2-186076番
　　　　URL　https://pub.nikkan.co.jp/
　　　e-mail　info@media.nikkan.co.jp
　　　印刷・製本　新日本印刷（POD2）
（定価はカバーに表示してあります）

万一乱丁、落丁などの不良品がございましたらお取り替えいたします。
ISBN978-4-526-08065-4　　NDC501.8
カバーデザイン・志岐デザイン事務所
2020 Printed in Japan